FORSCHUNGSBERICHTE DES LANDES NORDRHEIN-WESTFALEN

Nr. 2154

Herausgegeben im Auftrage des Ministerpräsidenten Heinz Kühn
von Staatssekretär Professor Dr. h. c. Dr. E. h. Leo Brandt

Prof. Dr.-Ing. habil. Wilhelm Anton Fischer
Dr.-Ing. Gerhard Pateisky

Max-Planck-Institut für Eisenforschung, Düsseldorf

Elektrochemische Messungen an Inertgas–Sauerstoff-Gemischen

SPRINGER FACHMEDIEN WIESBADEN GMBH 1970

ISBN 978-3-663-20042-0 ISBN 978-3-663-20398-8 (eBook)
DOI 10.1007/978-3-663-20398-8

Verlags-Nr. 012154

© 1970 by Springer Fachmedien Wiesbaden
Ursprünglich erschienen bei Westdeutscher Verlag GmbH, Köln und Opladen 1970

Gesamtherstellung: Westdeutscher Verlag

Inhalt

1. Zielsetzung der Arbeit und allgemeine Grundlagen 5

2. Theorie der galvanischen Ketten mit einem Sauerstoffionenleiter als Festelektrolyt 6

3. Messungen mit Gaskonzentrationsketten 8
   3.1. Schrifttum 8
   3.2. Versuchsaufbau und -durchführung 10
   3.3. Versuchsergebnisse 12
   3.4. Chemisorption von Sauerstoff am Festelektrolyten und ihre Deutung 12
   3.5. Gasdurchlässigkeit des Festelektrolyten 17

4. Zusammenfassung 22

5. Literaturverzeichnis 22

Anhang 24
   Tabelle 1 24
   Abbildungen 25

1. Zielsetzung der Arbeit und allgemeine Grundlagen

Das Ziel der vorliegenden Arbeit war, mit Hilfe von stabilisiertem Zirkonoxyd als Festelektrolyt, die Fugazität des Sauerstoffs in Inertgasen zu ermitteln.
Derartige Messungen beruhen auf der seit langem bekannten Sauerstoffionenleitung im stabilisierten Zirkonoxyd (Nernstmasse). Nach der heute allgemein gültigen Auffassung ist die Sauerstoffionenleitung an die Fluoritstruktur gebunden, die durch Einbau bestimmter Mengen zwei- oder dreiwertiger Oxyde in das Zirkonoxyd zustande kommt. Solche Oxyde sind das Kalzium- und Magnesiumoxyd sowie das Yttriumoxyd und die Oxyde der Seltenen Erdmetalle, vorzugsweise das Lanthanoxyd.
Nach Untersuchungen von F. Hund [1] genügen bereits 5,3 Mol.-% CaO, um die im reinen Zirkonoxyd erst oberhalb 2200°C beständige kubische Phase bis auf Zimmertemperatur zu stabilisieren. Die Breite dieser Fluoritmischphase wird von verschiedenen Autoren recht unterschiedlich angegeben. Sie ist stark temperaturabhängig und läßt sich nur schwierig im Gleichgewichtszustand erfassen. Nach Untersuchungen von W. A. Fischer und A. Hoffmann [2] erstreckt sich der Bereich der kubischen Mischphase bei 1450°C von 14 bis 19 Mol.-% CaO und nach A. Dietzel und H. Tober [3] bei 1600°C von 10 bis 20 Mol.-%, bei 1800°C von 7 bis 22 Mol.-%.
Der Zusatz von Magnesiumoxyd zum Zirkonoxyd führt zu einem abgeschnürten Feld der tetragonalen Phase und zu einem stark erweiterten Feld der kubischen Hochtemperaturphase. Die kubische Phase läßt sich bis zur Raumtemperatur unterkühlen [4]; dies gelingt jedoch nicht mehr, wenn die Abkühlung sehr langsam erfolgt [5].
Für den Existenzbereich der Fluoritphase in dem System Zirkonoxyd–Yttriumoxyd gibt F. Hund [6] bei 1300°C 10 bis 63 Mol.-% $YO_{1,5}$ an; bei Zirkonoxyd-Lanthanoxydgemischen fanden F. Trombe und M. Foex [7] eine Fluoritphase im Gebiet von 18 bis 52 Mol.-% $LaO_{1,5}$.
Eine umfassende Auswertung der Literatur bis 1964 über Zirkonoxyd und seine Systeme mit anderen Oxyden geben H. H. Möbius [8] und B. C. Weber [9].
Durch den Einbau von zwei- oder dreiwertigen Kationen in das Zirkonoxydgitter entstehen Leerstellen im Anionenteilgitter. Die Möglichkeit, daß der Überschuß an Kationen auf Zwischengitterplätzen eingebaut wird, konnte durch Dichte- und Röntgenintensitätsmessungen widerlegt werden [10]; das Kationenteilgitter ist nach statistischer Verteilung voll besetzt. Der Einbau dieser Oxyde in das Zirkonoxydgitter läßt sich nach der Fehlordnungstheorie mit folgenden Gleichungen beschreiben:

$$\mathrm{MeO} \rightarrow \mathrm{Me}\,|\,\mathrm{Zr}\,|'' + |\,\mathrm{O}\,|^{..} + \mathrm{ZrO}_2 \tag{1}*$$

$$\mathrm{Me}_2\mathrm{O}_3 \rightarrow 2\,\mathrm{Me}\,|\,\mathrm{Zr}\,|' + |\,\mathrm{O}\,|^{..} + 2\,\mathrm{ZrO}_2 \tag{2}$$

Der Einbau je eines Moleküls der zwei- oder dreiwertigen Oxyde führt demnach zur Bildung von je einer Leerstelle im Sauerstoffionenteilgitter. Die Anzahl dieser Leerstellen ist mithin nur vom Gehalt der Fremdoxyde in der Fluoritphase abhängig. Sie ist

---

* Darin bedeutet:
Me | Zr |″ = ein zweiwertiges Kation auf einem Gitterplatz eines Zirkonions, der dann zweifach negativ geladen ist;
Me | Zr |′ = ein dreiwertiges Kation auf einem Gitterplatz eines Zirkonions, der dann einfach negativ geladen ist;
| O |″ = eine Sauerstoffionenfehlstelle, die zweifach positiv geladen ist.

unabhängig vom Sauerstoffdruck der umgebenden Atmosphäre. Die Stromleitung erfolgt ausschließlich durch Sauerstoffionen über diese Leerstellen. So haben W. D. KINGERY und Mitarbeiter [11] durch vergleichende Messungen der Temperaturabhängigkeit des Sauerstoffdiffusionskoeffizienten und der elektrischen Leitfähigkeit experimentell bestätigt, daß die Gesamtleitfähigkeit des mit Kalziumoxyd stabilisierten Zirkonoxyds innerhalb bestimmter Temperatur- und Sauerstoffdruckbereiche eindeutig der Beweglichkeit der Sauerstoffionen zugesprochen werden kann.

Außerhalb dieser Temperatur- und Druckbereiche entstehen in der Fluoritphase bei niedrigen Sauerstoffdrucken Überschußelektronen und bei hohen Drucken Defektelektronen. Angaben für die Temperaturabhängigkeit dieser kritischen Sauerstoffdrucke existieren nur für niedrige Sauerstoffpartialdrucke [11] bis [15]. Der kritische Druck ist vom Reinheitsgrad des Zirkonoxyds und von der Art des zugesetzten Fremdoxyds abhängig. Für Zirkonoxyd, das mit Kalziumoxyd stabilisiert ist, liegt er zwischen 10^{-25} atm bei 870°C und $10^{-9,5}$ atm bei 1600°C.

Der kritische Druck für hohe Sauerstoffpartialdrucke liegt mit Sicherheit bis 1750°C oberhalb 1 atm [11], [16].

2. Theorie der galvanischen Ketten mit einem Sauerstoffionenleiter als Festelektrolyt

In einer galvanischen Kette der Form

$$\text{Pt, } p'_{O_2} \underset{I}{|} ZrO_2 + CaO \underset{II}{|} p''_{O_2} \text{, Pt} \qquad (3)^*$$

entsteht bei unterschiedlichen Sauerstoffpartialdrucken zwischen den Dreiphasengrenzen I und II bei genügend hoher Temperatur (500°C) eine EMK, deren Größe sich nach einer von C. WAGNER [17] angegebenen Gleichung zu

$$E = \frac{1}{nF} \int_{\mu'_{O_2}}^{\mu''_{O_2}} t_{\text{ion}} \, d\mu_{O_2} \qquad (4)^*$$

errechnen läßt. Darin ist die Überführungszahl der Ionen

$$t_{\text{ion}} = \frac{\varkappa_{\text{ion}}}{\varkappa_{\text{ion}} + \varkappa_e} \qquad (5)^*$$

durch die Teilleitfähigkeit der Ionen und Elektronen im Elektrolyten bestimmt, wobei als Elektronen Überschuß- oder Defektelektronen auftreten können. Für den Fall der reinen Sauerstoffionenleitung vereinfacht sich Gl. (4) mit

$$t_{\text{ion}} = t_{O^{2-}} = 1$$

* Darin bedeuten:

$\|ZrO_2 + CaO\|$	die Querstriche sind Symbole für die Dreiphasengrenze Gas–Metall–Festelektrolyt des mit Kalziumoxyd stabilisierten Zirkonoxyds,
n	= die Anzahl der Ladungsäquivalente,
F	= die Faradaysche Zahl 23066 cal · mol^{-1} · V^{-1},
μ_{O_2}	= das chemische Potential des Sauerstoffs,
t_{ion}	= die Überführungszahl der Ionen,
$\varkappa_e$	= Elektronenteilleitfähigkeit,
$\varkappa_{\text{ion}}$	= Ionenteilleitfähigkeit.

und
$$\mu_{O_2} = \mu^\circ_{O_2} + RT \ln p_{O_2}$$
zu
$$E = \frac{RT}{nF} \ln \frac{p'_{O_2}}{p''_{O_2}} \tag{6}$$

Daraus ist zu ersehen, daß die Spannung der Kette mit zunehmendem Druckunterschied an den Phasengrenzen I und II laufend steigt.

Innerhalb der kritischen Druckbereiche ist die Überführungszahl $t_{\text{ion}} < 1$, die gemessene Spannung wird nach Gl. (5) geringer.

Das elektrochemische Potential der Kette entsteht durch die Differenz der Einzelpotentiale an den Phasengrenzen. Die Einzelpotentiale kommen auf Grund folgender Reaktionen zustande: Im ersten Schritt wird molekularer, gasförmiger Sauerstoff an der Dreiphasengrenze Gas–Metall–Festelektrolyt adsorbiert. Unter Mitwirkung des Metalls findet dann eine Aktivierung des adsorbierten Sauerstoffs statt, die seinen Einbau in das Gitter des stabilisierten Zirkonoxyds ermöglicht. Diese Vorgänge sollen durch folgende Gleichungen beschrieben werden:

1. Adsorbtion: $\quad \tfrac{1}{2}\{O_2\} \rightleftharpoons O^*$ \hfill (7)

2. Aktivierung: $\quad O^* \rightarrow O^\otimes$ \hfill (8)

3. Einbau: $\quad O^\otimes + |O|^{\cdot\cdot} \rightarrow O|O| + 2|e|^{\cdot}$ \hfill (9)

Aus diesen Gleichungen ist zu ersehen, daß das Einzelpotential an der Dreiphasengrenze vom Sauerstoffdruck abhängt. Nach NERNST ist das Einzelpotential gegeben durch den Ausdruck:

$$\varphi = \varphi^\circ + \frac{RT}{nF} \ln p_{O_2} \tag{10}$$

Das Potential der Zelle ergibt sich, wie schon erwähnt, aus der Differenz der Einzelpotentiale zu:

$$E = \Delta\varphi = \frac{RT}{nF} \ln \frac{p'_{O_2}}{p''_{O_2}} \tag{11}$$

was mit der von WAGNER angegebenen Gl. (6) übereinstimmt.

Bei Stromentnahme aus einer solchen Gaskonzentrationskette wandern im Festelektrolyten Sauerstoffionen von der Phasengrenze höheren Druckes zu der des geringeren Druckes und gleichzeitig damit Sauerstoffleerstellen in entgegengesetzter Richtung.

* Darin bedeuten:
$\{O_2\}$ = gasförmiger Sauerstoff,
O^* = adsorbierter Sauerstoff,
$O^\otimes$ = aktivierter Sauerstoff,
$|O|^{\cdot\cdot}$ = Sauerstoffionenleerstelle, die zweifach positiv geladen ist,
$O|O|$ = Sauerstoffion auf einem Gitterplatz eines Sauerstoffions,
$|e|^{\cdot}$ = Defektelektron,
φ = *Einzelpotential,*
φ° = *Normaleinzelpotential,*
$\Delta\varphi$ = *Differenz der Einzelpotentiale.*

Der Einbau des Sauerstoffs erfolgt nach Gl. (9). Der Ausbau kann wie folgt beschrieben werden:

$$O\,|\,O| = \frac{1}{2}\{O_2\} + |O|^{..} + 2\,e' \qquad (12)*$$

Ein Sauerstoffion tritt aus dem Gitter in die Gasphase aus unter Hinterlassung einer Fehlstelle im Sauerstoffionenteilgitter des Festelektrolyten und der Bildung zweier Überschußelektronen, die durch den Metallkontakt abgeführt werden. Negativer Pol in solchen Zellen ist somit stets die Phasengrenze mit dem geringeren Sauerstoffpartialdruck.

Die stromlos gemessene EMK einer Konzentrationskette ist nach HELMHOLTZ proportional der freien Enthalpie $\Delta G°$ für den Übergang eines Mols Sauerstoff aus der Gasmischung höheren Sauerstoffpartialdrucks in die geringeren Druckes. Hierfür gilt:

$$E = -\frac{\Delta G°}{nF} \qquad (13)$$

3. Messungen mit Gaskonzentrationsketten

3.1. Schrifttum

Bereits um die Jahrhundertwende führten F. HABER und Mitarbeiter [18] bis [20] Messungen mit Gaskonzentrationsketten durch, in denen sie »Thüringer Glas« oder Porzellan als Festelektrolyt benutzten. Die Ketten hatten folgenden Aufbau:

$$\text{Pt, } H_2\,|\,H_2O\,|\,\text{Glas oder Porzellan}\,|\,\text{Luft, Pt} \qquad (14)$$

$$\text{Pt, CO }|\,CO_2\,|\,\text{Glas oder Porzellan}\,|\,\text{Luft, Pt} \qquad (15)$$

$$\text{Pt, } O_2\,|\,\text{Glas oder Porzellan}\,|\,\text{Luft, Pt} \qquad (16)$$

Die Messungen wurden bei 445°C und 518°C durchgeführt und ergaben durchweg recht gute Übereinstimmung mit den theoretisch zu erwartenden EMK-Werten. Jedoch wurden auch Spannungen gemessen, wenn sich an beiden Phasengrenzen das gleiche Gas befand. Die Erklärung für diesen Effekt wird nicht gegeben, da das Ziel dieser Untersuchungen die Entwicklung von Brennstoffzellen war, in denen durch elektrochemische Verbrennung direkt elektrische Energie erzeugt werden sollte.

Nach den Berechnungen von NERNST müßte diese elektrochemische Energiegewinnung mit sehr viel besserem Wirkungsgrad arbeiten als die bekannten mechanischen Verfahren. Bis heute ist es jedoch noch nicht gelungen, technisch brauchbare Hochtemperaturbrennstoffzellen zu entwickeln, obwohl es an Versuchen dazu nicht gefehlt hat [21] bis [23], [48]. Die Hauptschwierigkeit dabei ist die Herstellung von Zellen mit einem ausreichend kleinen Innenwiderstand.

In neuerer Zeit werden deshalb solche Zellen hauptsächlich für Meßzwecke entwickelt. Festelektrolyte waren Mischoxyde aus Zirkonoxyd dotiert mit Kalzium-, Magnesium-

---

* Darin bedeutet:
e' = Überschußelektron

oder Yttriumoxyd sowie Thoriumoxyd mit Yttrium- oder Lanthanoxyd. Diese Festelektrolyte sind jedoch erst oderhalb von 500°C an brauchbar.

Die Festelektrolyte werden im allgemeinen in der Form von einseitig geschlossenen Rohren verwendet. Als Sauerstoffbezugspotentiale werden bei diesen Ketten meist Luft oder Sauerstoff benutzt. Mit einer Kette

$$\text{Pt, O}_2 \,|\, \text{ZrO}_2 + \text{Y}_2\text{O}_3 \,|\, \text{CO, CO}_2, \text{Pt} \tag{17}$$

ermittelten H. Peters und H. H. Möbius [24] die thermodynamischen Größen der Reaktion

$$\text{CO} + \tfrac{1}{2}\,\text{O}_2 \rightleftharpoons \text{CO}_2 \tag{18}$$

für den Temperaturbereich zwischen 730°C und 1230°C. Für die elektrochemische Nachprüfung des Boudouard-Gleichgewichtes benutzten sie eine Zelle der Form:

$$\text{Pt,}\begin{array}{c}\text{CO, CO}_2\\\text{Eisenoxyd}\end{array}\bigg|\,\text{ThO}_2 + \text{La}_2\text{O}_3\,\bigg|\begin{array}{c}\text{C, CO, CO}_2\\\text{Eisen}\end{array}, \text{Pt} \tag{19}$$

In beiden Fällen wurde eine sehr gute Übereinstimmung mit den bekannten Werten dieser Gleichgewichte erhalten, die mittels anderer Methoden bestimmt wurden. Sie erhielten für die Gl. (18) eine freie Reaktionsenthalpie

$$\Delta G° = 67560 - 21{,}02\,T \quad (1010°K - 1630°K) \tag{20}$$

und für das Boudouardgleichgewicht

$$\Delta G° = 39430 - 40{,}83\,T \quad (1000°K - 1500°K) \tag{21}$$

Die elektrochemische Untersuchung des Gleichgewichts der Wasserdampfdissoziation

$$\text{H}_2\text{O} \rightleftharpoons \text{H}_2 + \tfrac{1}{2}\,\text{O}_2 \tag{22}$$

führten W. A. Fischer und Mitarbeiter [25], [26] im Temperaturgebiet von 800°C bis 1750°C durch. Die Übereinstimmung mit den nach anderen Methoden ermittelten Werten ist ebenfalls gut. Sie erhielten für die Temperaturabhängigkeit der freien Reaktionsenthalpie

$$\Delta G° = -59500 + 13{,}59\,T \quad (1070°K - 2020°K) \tag{23}$$

Aus den ermittelten thermodynamischen Daten wurde mit Hilfe von Gaskonzentrationsketten der kritische Druck der beginnenden Elektronenleitung bei geringen Sauerstoffpartialdrucken für verschiedene Temperaturen bestimmt, und zwar sowohl für die bekannten Mischoxyde auf Zirkon- [25], [27], [28] und Thoriumoxydbasis [27] als auch für andere feuerfeste Oxyde und Oxydverbindungen wie Aluminiumoxyd [27], [28], Magnesiumoxyd [27], [28], Forsterit [29] und Mullit [28]. Dabei zeigte sich, daß eine überwiegende Ionenleitung nicht nur in den bekannten Mischoxyden, sondern auch in anderen feuerfesten Oxyden bzw. Oxydmischungen vorhanden ist, wenn diese in bestimmter Weise dotiert sind.

Während diese Messungen mit den eingestellten *Gasgleichgewichten* im Bereich der reinen Ionenleitung mit den theoretischen Werten gut übereinstimmten, war das bei den in gleicher Weise durchgeführten Untersuchungen mit *sauerstoffhaltigen Inertgasen* nicht mehr der Fall. Bei höheren Temperaturen macht sich eine Abhängigkeit der EMK-Werte von der Strömungsgeschwindigkeit der Gase bemerkbar [30] bis [33].

Bei tieferen Temperaturen unter etwa 600°C werden ebenfalls Abweichungen von den theoretischen Werten beobachtet. Die Ursache für die Fehlmessungen, die in den Ergebnissen von H. ULLMANN und Mitarbeitern [30] unterhalb 600°C auftraten, werden von den Verfassern nicht diskutiert.

Eine Gaskette zur elektrochemischen Messung des Unterdrucks wird von J. WEISSBART und R. RUKA [34] angegeben. Sie hat folgenden Aufbau

$$\text{Pt, O}_2 \text{ 1 atm} | \text{ZrO}_2 + \text{CaO} | \text{Unterdruck, Pt} \tag{24}$$

und arbeitet bei 600°C bis 750°C. Mit steigendem Unterdruck nimmt die Spannung kontinuierlich zu. Die gemessene EMK ist ein Maß für den erreichten Unterdruck.

3.2. Versuchsaufbau und -durchführung

Die Meßzelle zur elektrochemischen Bestimmung des Sauerstoffpartialdruckes in Gasen (Abb. 1) besteht aus einem mit Kalziumoxyd stabilisierten, einseitig geschlossenen Zirkonoxydrohr der Firmen Degussa (Zr 23) oder Zirkoa. Das stabilisierte Zirkonoxyd hatte folgende Analyse:

Degussa, Zr 23: 5,6 Gew.-% CaO, 2,1 Gew.-% MgO,
0,47 Gew.-% SiO_2, 0,19 Gew.-% Fe_2O_3

Zirkoa: 3,6 Gew.-% CaO, 1,16 Gew.-% MgO,
0,69 Gew.-% SiO_2, 0,19 Gew.-% Fe_2O_3.

Die Abmessungen der Rohre waren 4×6 mm $\varnothing$, 5×8 mm $\varnothing$ und 6×10 mm $\varnothing$, die Länge betrug 400 mm.

Als Elektroden wurden Netze aus einer Platin–Rhodium-Legierung mit 10% Rh benutzt. Die Drahtstärke betrug 0,06 mm $\varnothing$, die Maschenweite 1024 Ma/cm², entsprechend einer lichten Weite von 0,3 mm. Das äußere Netz wurde mit stabilisiertem Zirkonoxydpulver so auf das Rohr gesintert, daß noch eine freie Metalloberfläche vorhanden war. Das innere Netz wurde zum größten Teil durch Anpressen mittels des Gaseinleitungsrohrs mit dem Elektrolyten in Kontakt gebracht. Lediglich am Boden des Elektrolytrohres war das Netz angesintert. Zur EMK-Messung waren an diese Netze Drähte der gleichen Legierung elektrisch angepunktet, die zu dem Meßgerät führten.

Als Meßgerät zur stromlosen Spannungsmessung wurden ein integrierendes und ein kompensierendes Digitalvoltmeter sowie ein Elektrometer verwendet. Ihre elektrischen Daten sind:

Meßgerät	Innerer Widerstand Ω	Auflösung μV	Genauigkeit %
Integrierendes Digitalvoltmeter	$> 5 \cdot 10^9$	10	0,01
Kompensierendes Digitalvoltmeter	10^9	10	0,01
Elektrometer	10^{11}	100	< 1

Der Eingangswiderstand der Meßgeräte sollte mindestens 2 Zehnerpotenzen größer sein als der Widerstand der Zelle, um einen relativen Meßfehler von weniger als 1% zu erreichen. Der gemessene Zellwiderstand hatte zwischen 400°C und 225°C folgende Werte (Abb. 4):

$T\ [°C]$	$R\ [\Omega]$
400	10^7
333	10^8
275	10^9
225	10^{10}

Hiernach kann mit den Digitalvoltmetern oberhalb etwa 400°C und mit dem Elektrometer oberhalb etwa 275°C gemessen werden. Das Elektrometer ist bei den tiefen Temperaturen sehr viel störungsanfälliger als die Digitalvoltmeter. Die Zuleitungen mußten deshalb sorgfältig abgeschirmt und geerdet werden. Außerdem waren diese Messungen mit Erfolg nur nachts durchzuführen. Die Registrierung der EMK in Abhängigkeit von der Temperatur erfolgte mit einem XY-Schreiber der Firma Hewlett-Packard, Typ 2D-2AM, wobei die Zellspannung über das Voltmeter geführt wird, um den geringen Widerstand des Schreibers ($10^6\ \Omega$) auf den höheren Widerstand des Voltmeters zu transformieren.

Die Temperatur der Zelle wurde mit einem Pt Rh 18-Thermoelement gemessen, das an das äußere Platinnetz elektrisch angepunktet war. Die Thermospannung wurde der Ordinate des XY-Schreibers zugeführt (Abb. 3).

Zur Einleitung der Gase in das Meßrohr (I) diente ein Korund- oder Zirkonoxydrohr der Abmessung 2×4 mm $\varnothing$, durch das auch der Ableitungsdraht der inneren Elektrode herausgeführt wurde. Der Ableitungsdraht der Außenelektrode und der Thermoelementschenkel waren ebenfalls durch Korundrohre isoliert. Zwei davon dienten gleichzeitig zum Einleiten der Gase in den Außenraum der Zelle und eins zum Ausleiten der Gase. Der Außenraum war mit einem Kitt aus Sillimanit abgedichtet. Die Zelle war in ein weiteres einseitig geschlossenes Korundrohr eingesetzt. In dieses Rohr wurden jeweils die gleichen Gase wie in den Außenraum der Zelle eingeleitet. – Das Aufheizen erfolgte in einem Tammann-Ofen.

Um die inerten Gase von Kohlenwasserstoffen zu reinigen, durchströmten sie zunächst konzentrierte Schwefelsäure; danach wurde CO und H_2 durch Schützereagenz aufoxydiert, und das Kohlendioxyd in Kalilauge absorbiert (Abb. 2). In einer Vorlage mit Silicagel wurde der Hauptanteil des Wassers zurückgehalten, ein weiterer Teil in einer Kältefalle mit einer Temperatur von etwa $-65°C$, entsprechend einem Wasserdampfdruck von $4 \cdot 10^{-4}$ Torr, ausgefroren, und der Restanteil durch Phosphorpentoxyd oder Zeolith K 10 entfernt. Der Sauerstoffgehalt der Gase wurde durch Aluminiumamalgam stark erniedrigt. Nach STEINMETZ [43] soll hierbei ein Sauerstoffpartialdruck von 10^{-27} atm erreicht werden. Abschätzende EMK-Messungen ergaben einen Sauerstoffpartialdruck von etwa 10^{-18} atm bei einer Strömungsgeschwindigkeit von 40 l/h durch diese Anlage; in den meisten Fällen war die Strömungsgeschwindigkeit jedoch geringer. – Dieser Sauerstoffpartialdruck reicht für die hier durchgeführten Messungen aus. – In einer Vorlage mit Watte und in einer weiteren Kältefalle wurde eventuell mitgerissenes Quecksilber und Aluminiumoxyd zurückgehalten.

Das so gereinigte Inertgas wurde dann mit durch Silicagel und Phosphorpentoxyd getrocknetem Sauerstoff oder Luft in einer bzw. zwei Mischpumpen der Firma Wösthoff gemischt. Das Mischungsverhältnis der Pumpen konnte von 90:10 bis 99:1 variiert werden. Zur Homogenisierung durchströmte das Gasgemisch nun noch einen Mischbehälter und wurde dann durch Acodurschläuche zur Meßzelle geleitet.

Mit der beschriebenen Versuchseinrichtung war es möglich, Gasgemische mit einem Sauerstoffpartialdruck von 1 atm bis $2,1 \cdot 10^{-5}$ atm herzustellen. – Das Referenzgas war meist Sauerstoff oder Luft.

Bei allen Messungen mit den Gaskonzentrationszellen wurde die *innere* Ableitung der Zelle stets an den *Minuspol* der Meßinstrumente angeschlossen.

3.3. Versuchsergebnisse

Einen an der Zelle

$$\text{PtRh, O}_2 \,\Big|\, \text{ZrO}_2 + \text{CaO} \,\Big|\, \begin{matrix} 99\% \text{ N}_2 \\ 1\% \text{ O}_2 \end{matrix}, \text{ PtRh} \tag{25}$$

aufgenommenen Originalschrieb über die Änderung der EMK mit der Temperatur zwischen Zimmertemperatur und 1700°C zeigt Abb. 5. Eingezeichnet sind darin die nach Gl. (6) errechneten theoretischen Werte (gestrichelte Kurve). Übereinstimmung zwischen diesen und den Meßwerten besteht zwischen 4,5 mV (= 960°C) und 9,5 mV (= 1450°C). Oberhalb und unterhalb dieses Temperaturbereichs weichen die Werte voneinander ab.

Die Abb. 6 enthält die Auswertung einer Reihe solcher Schriebe, bei denen die Differenz der Sauerstoffpartialdrucke von $2,1 \cdot 10^{-1}$ atm verändert, und der reine Sauerstoff in den Innenraum der Meßzelle eingeleitet wurde. Der Temperaturbereich, in dem Übereinstimmung der Meßwerte (ausgezogene Kurve) mit den theoretischen, gestrichelt eingezeichneten Kurven besteht, wird mit zunehmender Partialdruckdifferenz, das heißt abnehmenden Sauerstoffpartialdrucken der Meßgase, immer kleiner. Während er bei $2,1 \cdot 10^{-1}$ atm noch von 650°C bis 1700°C reicht, erstreckt er sich bei $2,1 \cdot 10^{-5}$ atm nur noch von 800°C bis 1000°C.

Bei den hohen Temperaturen bleiben ab etwa $2,1 \cdot 10^{-2}$ atm die Meßwerte mit fallenden Partialdrucken mehr und mehr unter den theoretischen Werten. So beträgt z. B. bei 1700°C und einem Partialdruck von $2,1 \cdot 10^{-5}$ atm der gemessene Wert nur noch 290 mV gegenüber 460 mV für den theoretischen Wert. Bei Temperaturen unterhalb von etwa 900°C weichen die Meßwerte sowohl im positiven als auch im negativen Sinn von den theoretischen Werten ab.

In der nächsten Versuchsreihe wurden in der gleichen Zelle die Gase vertauscht, und der reine Sauerstoff jetzt in den Außenraum, das Meßgas in den Innenraum der Zelle eingeleitet. Die Abb. 7 zeigt das Ergebnis der mit dieser Anordnung durchgeführten Messung. Der Bereich der übereinstimmenden Werte zwischen Theorie und Messung ist stark verkleinert. Die Spannung fällt bei 1700°C und $2,1 \cdot 10^{-5}$ atm nun von 460 mV auf 205 mV ab.

3.4. Chemisorption von Sauerstoff am Festelektrolyten und ihre Deutung

Zur Aufklärung der von den theoretischen Werten abweichenden Meßspannung bei tiefen Temperaturen wurden Versuchsreihen durchgeführt, bei denen sich in der Zelle an der inneren und äußeren Phasengrenze des Festelektrolyten die gleichen Gasmischungen befanden. Verwendet wurden Argon mit etwa $10^{-3}\%$ O_2, Helium mit etwa $10^{-2}\%$ O_2, Luft und reiner Sauerstoff.

Außer der auf Seite 10 beschriebenen Meßzelle wurden zu diesen Versuchen auch Zellen benutzt, bei denen die Edelmetalldrähte unmittelbar in bzw. an das stabilisierte Zirkonoxydrohr mit Pulver aus dem gleichen Material, aus dem das Meßrohr gefertigt war, festgesintert waren. Hierbei wurde die Dicke der äußeren Sinterschicht verändert. Abb. 8 zeigt im Photo die drei verwendeten Zellentypen mit den verschieden dicken Sinterschichten.

Die damit bei Temperaturen zwischen 350°C und 1200°C aufgenommenen EMK-Werte für reinen Sauerstoff in der Zelle zeigt die Abb. 9. Hieraus ist zu ersehen, daß trotz gleicher Sauerstoffpartialdrucke an den beiden Phasengrenzflächen der Zelle Spannungen gemessen werden, die bei etwa 330°C 165 mV betragen. Mit steigender Temperatur erfolgt ein Spannungsabfall, der bei der dicker umsinterten Außenelektrode (Abb. 8, Typ A) wesentlich langsamer ist als bei den dünner umsinterten Elektroden. Während mit der Meßzelle vom Typ A erst oberhalb 1150°C keine EMK mehr gemessen wird, bricht die Spannung der beiden anderen schon bei 600°C zusammen. Dieses Ergebnis zeigt eine Abhängigkeit der EMK dieser Zellen von der Differenz der inneren und äußeren Oberfläche.

In den noch folgenden Versuchen zur Klärung der an Gasketten mit gleichen Sauerstoffpartialdrucken auftretenden Spannungen (Abb. 10–14) wurden Meßzellen mit dick umsinterten Außenelektroden benutzt, da hierbei die auftretenden Effekte am deutlichsten zu erkennen waren. In Abb. 10 wird die Abhängigkeit der EMK vom Sauerstoffpartialdruck der Meßgase wiedergegeben. Die Spannung steigt mit abnehmendem Sauerstoffdruck stark an. Sie beträgt bei 400°C und Ar mit etwa $10^{-3}\%$ O_2 als Meßgas 920 mV, bei He mit etwa $10^{-2}\%$ O_2 900 mV, bei Luft 200 mV und bei Sauerstoff 160 mV. Besonders auffallend ist der starke Anstieg des Potentials bei Ketten mit Ar und He zwischen 900°C bis 1000°C. In diesem Temperaturbereich ist bei den Ketten mit Luft und Sauerstoff praktisch noch keine Spannung vorhanden. Der Spannungsanstieg erfolgt hier erst unterhalb von 1000°C. Alle Ergebnisse lassen sich mit der gleichen Meßzelle recht gut reproduzieren. Sie sind im geringen Maße von der Auf- und Abheizgeschwindigkeit abhängig; eine erhöhte Abkühlungsgeschwindigkeit ergibt geringere Spannungen.

Abb. 11 zeigt den Spannungsverlauf zweier aufeinanderfolgender Auf- und Abheizkurven. Beide Elektroden wurden von Argon mit etwa $10^{-3}\%$ Sauerstoff umspült. Beim ersten Aufheizen ergab sich eine negative Spannung. Sie steigt ab 900°C bis auf -710 mV an und bricht erst oberhalb von 1400°C zusammen. Beim Abkühlen wird unterhalb von 1400°C eine positive Spannung gemessen. Die nun folgende Aufheizkurve verbleibt im positiven Spannungsbereich und zeigt einen ähnlichen Verlauf wie die beiden Abkühlkurven, was insbesondere für die sprunghafte Änderung der Spannung bei etwa 900°C gilt.

Diese bei Ketten mit gleichen Gasen an den Phasengrenzen gemessenen Potentiale traten auch bei Gaskonzentrationsketten auf und überlagern sich der theoretischen Spannung solcher Zellen. In Abb. 12 ist die Spannung einer Kette

$$\text{PtRh, } O_2 \,|\, ZrO_2 + CaO \,|\, O_2\text{, PtRh} \tag{26}$$

beim zweiten Aufheizen und nachfolgenden Abkühlen sowie die mit der gleichen Meßzelle ermittelten EMK-Werte der Gaskonzentrationskette

$$\text{PtRh, } O_2 \,|\, ZrO_2 + CaO \,|\, \text{Luft, PtRh} \tag{27}$$

aufgetragen. Gestrichelt eingezeichnet ist die theoretische Spannung der Kette [27]. Man ersieht, daß die EMK der Konzentrationskette sich durch die Addition ihrer theoretischen Spannungen und der an der Kette [26] gemessenen Spannungen ergibt.

Diese Ergebnisse können folgendermaßen gedeutet werden: Die Reaktionen eines Gases mit einem Festkörper verlaufen in der Folge: Stoßvorgang – Adsorption – Chemisorption – Reaktion. Bei der physikalischen Adsorption wirken van der Waalsche Kräfte. Unter Chemisorption wird eine »Adsorption« der Moleküle als Ionen verstanden; es wirken homöopolare Kräfte. Es gibt aber auch Übergänge beider Typen der Bindung zwischen Adsorbenz und Adsorbat [35].

Bei hohen Temperaturen werden die chemisorbierten Sauerstoffatome sofort in das Gitter eingebaut. Reicht jedoch die Energie nicht aus, werden sie auf Grund ihrer Elektronenaffinität Elektronen aus dem Elektrolyten aufnehmen. Die Chemisorption des Sauerstoffs bewirkt im Gegensatz zum Gittereinbau eine Elektronenverschiebung. Aus den oberflächennahen Bereichen des Halbleiters fließen Elektronen zu den Sauerstoffatomen. Dadurch wird seine Oberfläche positiv aufgeladen, und die chemisorbierten Teilchen tragen die dazugehörige negative Ladung. Es entsteht eine Raumladungszone, die etwa 10^{-4} bis 10^{-5} cm breit ist [36]. Die durch diese Randschicht verursachte Potentialdifferenz zwischen Halbleiteroberfläche und seinem Inneren nennt man Diffusionsspannung [36], [37].

Die Menge des an einer Phasengrenze Gas/Festelektrolyt chemisorbierten Sauerstoffs ist von der Größe der Oberfläche des Elektrolyten abhängig. Bei den als Meßzelle benutzten Rohr werden an der äußeren Phasengrenze, infolge der größeren Oberfläche, mehr Sauerstoffatome chemisorbiert und damit mehr Elektronen verbraucht als an der inneren Phasengrenze. Es muß sich deshalb eine positive Spannung ergeben, die mit Chemisorptionsspannung bezeichnet werden soll. Sie wird um so größer, je größer der Unterschied beider Oberflächen ist, was mit den Versuchsergebnissen gut übereinstimmt. Die Chemisorptionsspannung nimmt, wie Abb. 10 zeigt, mit fallendem Sauerstoffpartialdruck zu. Dieser Effekt ist an sich nicht zu erwarten, da die Adsorption eines Gases an einem Feststoff mit fallendem Druck abnimmt. Die mit absinkenden Sauerstoffpartialdrucken ansteigenden Spannungen können nach den entwickelten Vorstellungen deshalb nur über die Chemisorptionseigenschaften der beiden Grenzschichten des Festelektrolyten erklärt werden. Die Differenz der chemisorbierten Sauerstoffmengen an den Grenzschichten wird mit fallendem Sauerstoffpartialdruck größer, was bei einer gleichbleibenden Chemisorption an der Innenfläche einer vermehrten Chemisorption an der rauhen, stark porösen Außenoberfläche bedeuten würde. Andererseits kann auch der umgekehrte Vorgang, das heißt geringere Chemisorption an der Innenfläche der Zelle zum qualitativ gleichen Ergebnis führen.

Im Widerspruch zu diesen Überlegungen steht das Auftreten einer negativen Spannung (Abb. 11) beim ersten Aufheizen der Kette

$$\text{PtRh}, \begin{array}{c}\text{Ar mit}\\ 10^{-3}\%\,\text{O}_2\end{array} \Big| \text{ZrO}_2 + \text{CaO} \Big| \begin{array}{c}\text{Ar mit}\\ 10^{-3}\%\,\text{O}_2\end{array}, \text{PtRh}. \tag{28}$$

Sie kann dadurch erklärt werden, daß an der Keramik ursprünglich adsorbierter Sauerstoff erst oberhalb von 1400°C völlig desorbiert und entfernt wird. Da im Außenraum der Zelle sich wesentlich größere Keramikflächen befinden als in ihrem Innenraum, wird sich bei der Desorption des Sauerstoffs im Außenraum ein höherer Sauerstoffpartialdruck einstellen als im Innenraum. Das hat nach Gl. (6) eine negative Spannung an der Außenelektrode zur Folge.

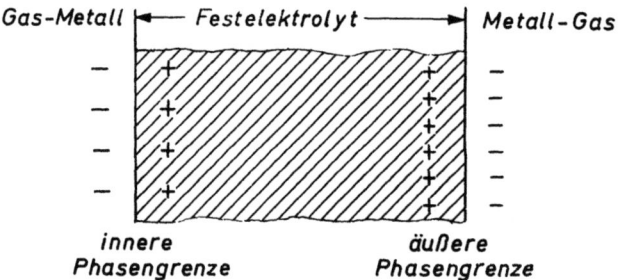

Fig. 1 Aufbau der Doppelschichten an den Phasengrenzen

Fig. 1 zeigt den Aufbau der Doppelschichten, die durch Chemisorption des Sauerstoffs an beiden Phasengrenzen des Festelektrolyten entstehen. Infolge der größeren chemisorbierten Sauerstoffmenge an der äußeren Phasengrenze werden hier mehr Elektronen verbraucht und damit mehr Defektelektronen gebildet als an der inneren Phasengrenze.

Eine Doppelschicht ist immer ein Gebiet hohen Widerstandes, da an der Grenzfläche zwischen den verschiedenen Ladungen eine Verarmung an Ladungsträgern durch Rekombination auftritt. Durch ein angelegtes äußeres Feld kann dieser Verarmungsbereich beeinflußt werden.

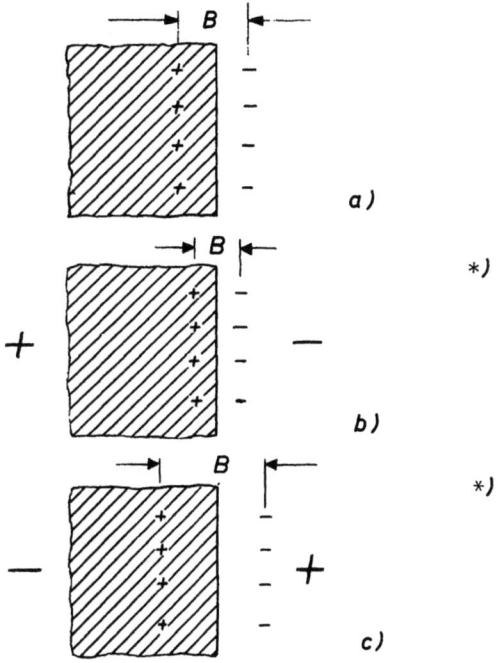

Fig. 2 Teil einer Doppelschicht
   a) ohne angelegte Spannung
   b) mit angelegter Spannung; Polung: außen —
                                  innen +
   c) mit angelegter Spannung; Polung: außen +
                                  innen —

Fig. 2a zeigt einen Teil einer Doppelschicht ohne angelegte Spannung. Die Breite der Verarmungszone ist mit B bezeichnet. Im Fall 2b werden die positiven und negativen Ladungsträger durch die Polarität der Spannung in den Verarmungsbereich B hinein getrieben, vermindern seine Breite und erleichtern den Elektrizitätsdurchgang. Polt man die Spannung um (2c), dann werden die Ladungen auseinandergezogen, der Verarmungsbereich B wird verbreitert und damit der Widerstand erhöht. Es bildet sich in diesem Falle ein Sperrbereich für den Stromdurchgang aus. Mit wachsender Spannung wird die Feldstärke im Grenzbereich zwischen den beiden Ladungen so groß, daß ein Übergang von Elektronen vom Valenzband in das Leitungsband des Halbleiters (Festelektrolyt) ermöglicht wird; damit ist eine sprunghafte Erhöhung der Ladungsträger-

---

* Darin bedeuten die dicken Zeichen die Polung der angelegten Spannung.

dichte in der Grenzschicht verbunden. Die Sperrwirkung bricht jäh zusammen [38] und der Strom steigt zunächst exponentiell an, um dann in die lineare Abhängigkeit des ohmschen Bereichs überzugehen.

Beim Anschluß einer Spannungsquelle an die Meßzelle, deren negativer Pol zur äußeren Ableitung der Kette führt, wird die schwache Doppelschicht der *inneren* Phasengrenze auseinandergezogen, die starke Doppelschicht der *äußeren* Oberfläche hingegen zusammengepreßt (Fig. 3). Bei dieser Polung bilden sich nur geringe Sperrspannungen aus.

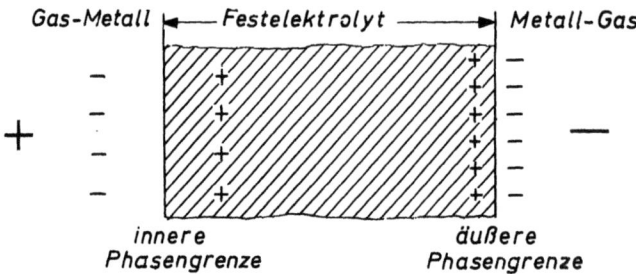

Fig. 3 Veränderung der Doppelschichten durch eine angelegte Spannung (geringe Sperrwirkung)

Wird die Spannung jedoch umgepolt, dann bildet sich zwischen der starken Doppelschicht der *äußeren* Phasengrenze ein breiter Verarmungsbereich an Ladungsträgern, während die Doppelschicht an der *inneren* Phasengrenze zusammengedrückt wird (Fig. 4). Der Sperrbereich wird bei dieser Polung vergrößert.

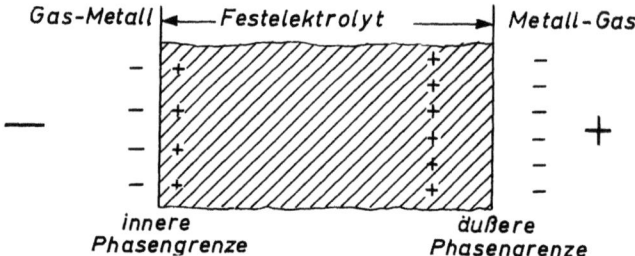

Fig. 4 Veränderung der Doppelschichten durch eine angelegte Spannung (starke Sperrwirkung)

Die experimentelle Methode zum Nachweis von elektrischen Doppelschichten ist die Aufnahme von Stromspannungskurven. Zur weiteren Bestätigung der entwickelten Vorstellungen über das Zustandekommen der Chemisorptionsspannungen wurden an der Zelle

$$\text{PtRh, Luft} \,|\, \text{ZrO}_2 + \text{CaO} \,|\, \text{Luft, PtRh} \tag{29}$$

bei 810°C, 1010°C und 1425°C Stromspannungsmessungen durchgeführt. Das Schaltschema zeigt Abb. 13. Die Gleichspannung eines stabilisierten Netzgerätes wurde zwischen —15 V und +15 V verändert. Die auftretenden Ströme von maximal —100 mA wurden mit einem Elektrometer gemessen. Die aufgenommenen Stromspannungskurven in der Abb. 14 zeigen ein ausgeprägtes Stromsperrgebiet. Bei 810°C reicht es beim Anlegen des negativen Pols an die innere Phasengrenze von 0 bis —7,5 V und bei umgekehrter Polung von 0 bis 1,5 V. Mit steigender Temperatur werden die Grenzspannungen, die zum Überwinden des Sperrgebietes notwendig sind, zu geringeren Werten verschoben. So betragen sie bei 1010°C nur noch —2 Volt bei Minuspolung innen und +0,5 V bei Minuspolung außen. Bei 1425°C ist praktisch keine Sperrschicht mehr vorhanden.

Diese Ergebnisse bestätigen die Vorstellungen über die durch Chemisorption an den Phasengrenzen im Festelektrolyten unterhalb von 1400°C ausgebildeten Doppelschichten.

3.5. Gasdurchlässigkeit des Festelektrolyten

Nachdem die Abweichungen der Meßspannung von den theoretischen Werten an Gaskonzentrationsketten bei tiefen Temperaturen über die nachgewiesenen Chemisorptionsreaktionen erklärt werden konnten, soll nunmehr eine Deutung des Spannungsabfalls dieser Zellen bei Temperaturen oberhalb etwa 1000°C versucht werden. Dazu wurden weitere Meßreihen durchgeführt, um die Wirkung folgender Einflußgrößen abzuschätzen.

Der Sauerstoffpartialdruck der in der Zelle befindlichen Gasatmosphäre kann durch eindringendes Ofengas (CO vom Tammannofen), durch in den Meßgasen vorhandene Fremdgase wie Wasserstoff, Wasserdampf, Kohlenoxyde und Kohlenwasserstoffe sowie durch Thermodiffusion und Gasdurchlässigkeit des Festelektrolyten verändert werden.

Das Eindringen von Ofengasen in die Meßzelle wurde, auf Grund eingehender Vorversuche, durch den beschriebenen Gesamtaufbau der Meßeinrichtung verhindert. Die Fremdgase wurden aus den Meßgasen durch die vorgeschaltete Gasreinigungsanlage entfernt.

Thermodiffusion in Gasgemischen kann eintreten, wenn diese Gemische sich in einem nicht gleichmäßig temperierten Raum befinden, wie das bei diesen Meßzellen grundsätzlich gegeben ist. Die leichteren Gasmoleküle reichern sich im heißeren Teil an, was eu einer mehr oder weniger starken Entmischung führt. Diese Entmischung kann durch zine genügend große Strömungsgeschwindigkeit der Gase verhindert werden. Mit folgenden Ketten

$$\text{PtRh, Luft} \left| ZrO_2 + CaO \right| \begin{matrix} 99\% \text{ He} \\ 1\% \text{ Luft} \end{matrix}, \text{PtRh}, \tag{30}$$

$$\text{PtRh, Luft} \left| ZrO_2 + CaO \right| \begin{matrix} 99\% \text{ N}_2 \\ 1\% \text{ Luft} \end{matrix}, \text{PtRh} \tag{31}$$

und

$$\text{PtRh, Luft} \left| ZrO_2 + CaO \right| \begin{matrix} 99\% \text{ Ar} \\ 1\% \text{ Luft} \end{matrix}, \text{PtRh} \tag{32}$$

wurden zwischen 800°C und 1700°C EMK-Messungen durchgeführt, wobei die Strömungsgeschwindigkeit der Gase mit 10 l/h konstant gehalten wurde.

Bei Helium-Sauerstoffgemischen ist der Sauerstoff das schwerere Molekül, bei Stickstoff-Sauerstoffgemischen sind die Moleküle etwa gleich schwer, und bei Argon-Sauerstoffgemischen ist Sauerstoff das leichtere Molekül. Als Ergebnis dieser Messungen ergeben sich trotz der sehr unterschiedlichen Gasmischungen mit dieser Strömungsgeschwindigkeit bei gleichen Temperaturen innerhalb von ±1,5% übereinstimmende EMK-Werte. Thermodiffusion tritt bei Gasströmungsgeschwindigkeiten von mehr als 10 l/h nicht auf.

Bei zu hohen Gasströmungen können Abweichungen von den theoretischen EMK-Werten durch Thermospannungen hervorgerufen werden, die durch Temperaturunterschiede im Festelektrolyten entstehen und sich der Meßspannung überlagern [5], [13]. Ein weiterer Effekt kann dadurch auftreten, daß sich die in die Zelle geleiteten Gase bei zu hoher Gasgeschwindigkeit in der zur Verfügung stehenden Zeit nicht auf die Temperatur der Meßzelle erwärmen können. Entsprechend der Gl. (6) ist aber die EMK bei gleichen Partialdruckverhältnissen der Gase der Temperatur direkt proportional. Durchgeführte Messungen mit Gasen, die einmal mit Zimmertemperatur, ein anderes Mal auf die Zelltemperatur vorgewärmt, in die Zelle mit einer Gasgeschwindigkeit von 40 l/h eingeleitet wurden, erbrachten keine merkbaren Unterschiede in den EMK-Werten. Bei höheren Gasgeschwindigkeiten, die man nur im Außenraum der Zelle erreichen konnte, ergaben sich allerdings Abweichungen durch das Auftreten von Thermospannungen.

Als Ergebnis dieser Messungen ist festzustellen, daß im Bereich der Gasströmungsgeschwindigkeiten von 10 l/h bis 40 l/h kein Einfluß auf die EMK-Werte durch Thermodiffusion und zu geringe Gastemperaturen an den Phasengrenzen vorliegt.

Weitere EMK-Messungen an der Kette (31) zwischen 800 °C und 1700 °C mit verschiedenen Gasströmungsgeschwindigkeiten zwischen 10 l/h und 37 l/h zeigen eine Erniedrigung des EMK-Abfalles mit steigender Strömungsgeschwindigkeit (Abb. 15). Oberhalb von 32 l/h ist keine weitere Wirkung auf den Spannungsabfall mehr festzustellen. In den benutzten Zellanordnungen wurde deshalb mit Gasgeschwindigkeiten von etwa 30 l/h gearbeitet. Diese von der Strömungsgeschwindigkeit abhängigen EMK-Werte lassen auf eine Gasdurchlässigkeit der verwendeten Rohre aus stabilisiertem Zirkonoxyd schließen. Über die Gasdurchlässigkeit von gesinterten hochschmelzenden Oxyden bestehen folgende Vorstellungen:

HAYES, BUDWORTH und ROBERTS [39] bis [41] stellten bei dichtgesinterten Al_2O_3-Rohren und -Scheiben oberhalb von 1500 °C eine merkliche, reproduzierbare Durchlässigkeit für Sauerstoff fest. Die Permeabilität für Stickstoff und Argon war wesentlich geringer und nicht reproduzierbar. Die Selektivität der Durchlässigkeit für Sauerstoff sowie ihre Temperatur- und Druckabhängigkeit weisen darauf hin, daß kein Knudsen-Fluß durch Poren, sondern ein Diffusionsprozeß in fester Phase vorliegt. Die Frage, ob es sich hierbei um Korngrenzen- oder Volumendiffusion handelt, konnte nicht eindeutig geklärt werden. Den Verfassern erscheint jedoch die Korngrenzendiffusion wahrscheinlicher, da der Diffusionskoeffizient für Sauerstoff im polykristallinen Aluminiumoxyd um 2 Zehnerpotenzen größer ist als der im Aluminiumoxyd-Einkristall [42].

H. ULLMANN [31] untersuchte die Gasdurchlässigkeit von Zirkonoxyd mit verschiedenen Dotierungen von Kalzium- und Magnesiumoxyd und von Thoriumoxyd mit 20 Mol.-% Yttriumoxyd und mit Kalziumoxyd durch potentiometrische Gasanalysen mit einer Festelektrolytzelle. Auch er fand eine bedeutende Permeabilität dieser Substanzen für Sauerstoff, die bei Zirkonoxyd (Druckdifferenz des Sauerstoffs 10^6) bei 900 °C begann und dann stark mit der Temperatur zunahm. ULLMANN erklärte die Sauerstoffpermeabilität von Zirkonoxyd und Thoriumoxyd durch eine gleichzeitige Wanderung von Sauerstoffionen und Defektelektronen im Gitter von der Phasengrenze hohen Sauerstoffpartialdruckes zu der mit dem niedrigen Druck. Nach seinen Messungen ist die Aktivierungsenergie der Sauerstoffpermeabilität und der elektrischen Leitfähigkeit durch Zusatz anderer Oxyde (Y_2O_3, MgO, CaO) in gleicher Weise zu beeinflussen.

Zur Feststellung der Wirkung der Gasdurchlässigkeit in der verwendeten Meßanordnung wurden in einem Temperaturbereich von 1000 °C bis 1700 °C die Gaskonzentrationsketten (27) und (32)

$$\text{PtRh, Luft} \,|\, ZrO_2 + CaO \,|\, O_2, \text{PtRh} \quad \frac{P'_{O_2}}{P''_{O_2}} = 0{,}21 \qquad (27)$$

und

$$\text{PtRh,} \begin{array}{c} 99\% \text{ Ar} \\ 1\% \text{ Luft} \end{array} \bigg| \text{ZrO}_2 + \text{CaO} \bigg| \text{Luft, PtRh} \quad \frac{P'_{O_2}}{P''_{O_2}} = 0{,}01 \tag{32}$$

benutzt. Mit jeder dieser beiden Ketten wurden zwei Versuchsreihen durchgeführt, wobei einmal das sauerstoffarme Gas in den Außenraum, ein anderes Mal in den Innenraum der Zelle eingeleitet wurde. Nachdem die Temperatur der Zelle konstant war, wurde der *sauerstoffarme* Gasstrom unterbrochen, und der Spannungsabfall in Abhängigkeit von der Zeit etwa 5 Minuten lang aufgezeichnet. Danach wurde der Gasstrom wieder eingeschaltet, und die gleiche Messung nach Unterbrechung des *sauerstoffreichen* Gasstromes durchgeführt. Im ersten Fall diffundierte Sauerstoff, im zweiten Fall Stickstoff oder Argon durch die Rohrwand.

Insgesamt wurden 8 verschiedene Versuchsreihen durchgeführt:

An der Kette (27):

1. Sauerstoff diffundiert in den Außenraum
2. Sauerstoff diffundiert in den Innenraum
3. Stickstoff diffundiert in den Außenraum
4. Stickstoff diffundiert in den Innenraum

An der Kette (32):

1. Sauerstoff diffundiert in den Außenraum
2. Sauerstoff diffundiert in den Innenraum
3. Stickstoff und Argon diffundieren in den Außenraum
4. Stickstoff und Argon diffundieren in den Innenraum

Zu diesen Versuchen wurde die Abszisse des XY-Schreibers als Zeitachse geschaltet, und die Spannung der Meßzelle über ein Digitalvoltmeter der Ordinate des Schreibers zugeführt.

Abb. 16 zeigt den zeitlichen Verlauf des Spannungsabfalls bei verschiedenen Temperaturen, der an der Kette (27) entsteht, wenn der in den Innenraum eingeleitete Luftstrom unterbrochen wird. Schon bei 1010°C ist ein geringer Abfall der EMK zu bemerken; er beträgt nach 3 Minuten 1,5 mV, das sind 3,6% des Ausgangswertes. Mit steigender Temperatur nimmt die Spannung immer schneller ab; bei 1700°C ist sie nach 3 Minuten um 40 mV, d. h. um 62,5% des Ausgangswertes abgefallen. Dieser Spannungsabfall bedeutet, daß die Luft im Innenraum mit Sauerstoff, der durch die Rohrwand diffundiert ist, angereichert wird. Nach dem Wiedereinschalten des Luftstromes steigt die Spannung nahezu sprunghaft auf den Ausgangswert an.

Werden in derselben Zelle die Gase vertauscht und wird jetzt der Luftstrom abgeschaltet, dann diffundiert im Gegensatz zu dem vorher beschriebenen Versuch Sauerstoff vom Innenraum in den Außenraum der Zelle. Die beobachteten Erniedrigungen der EMK-Werte sind jetzt sehr viel geringer. Als Gegenüberstellung zeigt die Abb. 17 den zeitlichen Verlauf des Spannungsabfalles bei 1700°C in den beiden Anordnungen.

Wird in die Zelle ein Argon-Luftgemisch mit 1% Luft in den Innenraum und Luft in den Außenraum eingeleitet, dann ergibt sich beim Abstellen des Argon-Luftgemischstromes eine sehr große Erniedrigung der EMK-Werte, wie aus der in Abb. 17 eingezeichneten Isotherme für 1700°C zu ersehen ist.

Die Durchlässigkeit für Stickstoff ist geringer als die für Sauerstoff, wie aus den Messungen an einer Kette mit Sauerstoff im Innenraum und Luft im Außenraum beim Abstellen des Sauerstoffstromes und an der Kette mit vertauschten Gasen beim Abstellen des Luftstromes hervorgeht. Im ersten Fall kann nur Stickstoff, im zweiten Fall nur Sauerstoff vom Außenraum in den Innenraum diffundieren. Abb. 18 zeigt, daß der Spannungsabfall bei der Stickstoffdiffusion geringer ist als bei der Sauerstoffdiffusion.

Einen Überblick über alle zur Gasdurchlässigkeit des verwendeten stabilisierten Zirkonoxyds erhaltenen, sehr umfangreichen Meßergebnisse vermittelt die Tab. 1. Hierin sind die bei den Temperaturen von 1300°C, 1500°C und 1700°C ermittelten Spannungserniedrigungen für 15 sec, 30 sec und 60 sec nach dem Abschalten eines der beiden Gasströme wiedergegeben.

Zusammenfassend kann über die Gasdurchlässigkeit der als Festelektrolyt verwendeten, einseitig geschlossenen Rohre aus stabilisiertem Zirkonoxyd folgendes ausgesagt werden:

Eine merkliche Gasdurchlässigkeit für Sauerstoff ist bereits bei 1200°C und einem Druckunterschied $P'_{O_2} : P''_{O_2} = 0{,}21$ festzustellen. Sie nimmt sowohl mit steigender Temperatur als auch mit steigendem Druckunterschied stark zu. Die Gasdurchlässigkeit für Sauerstoff ist wesentlich größer als für die Inertgase. Ihr Betrag ist weiterhin davon abhängig, ob die Sauerstoffdiffusion vom Innenraum in den Außenraum oder in umgekehrter Richtung erfolgt. Die früher beobachteten Abweichungen der EMK-Messungen von ihren theoretischen Werten, die in den Abb. 6 und 7 niedergelegt sind, lassen sich nunmehr mit Hilfe der erhaltenen Erkenntnisse über die Gasdurchlässigkeit der verwendeten Zirkonoxydrohre bei hohen Temperaturen erklären. Die Abweichungen werden mit steigender Temperatur und zunehmendem Sauerstoffpartialdruckunterschied größer, wie das im gleichen Sinne bei der Gasdurchlässigkeit der Fall ist. Auch ist der Spannungsabfall geringer, wenn das sauerstoffarme Gas in den Außenraum eingeleitet wird. Bei dieser Anordnung diffundiert der Sauerstoff vom Innenraum (4 cm³) in den sehr viel größeren Außenraum (290 cm³). Die gleiche Menge des durch die Rohrwand diffundierten Sauerstoffs verändert die Konzentration des Gases im Innenraum in derselben Zeit stärker als die des Gases im Außenraum.

Die Volumina von Außenraum zu Innenraum verhalten sich wie 72,5 : 1, die Außenoberfläche zur Innenfläche wie 1,6 : 1.

Der Spannungsabfall, der sich ergibt, wenn Sauerstoff in den Innenraum diffundiert, verhält sich zu dem, der sich bei der Diffusion des Sauerstoffs in den Außenraum einstellt, wie

   70 : 1 nach 30 sec,

   47 : 1 nach 45 sec

und 31 : 1 nach 60 sec.

Daraus ist zu ersehen, daß es sich hier wirklich um eine Änderung der Zusammensetzung des Gasvolumens handelt und nicht nur um eine Oberflächenbedeckung des Meßrohres. Die Gasdurchlässigkeit nimmt mit dem Unterschied zwischen den Sauerstoffpartialdrucken im Meßgas und im Bezugsgas zu. Es ist daher vorteilhaft, ihn möglichst gering zu machen. Die Wirkung dieser letzten Maßnahme ist aus den Abb. 19 und 20 zu ersehen, in denen der Sauerstoffpartialdruck des Bezugsgases dem des zu messenden Gases schrittweise angenähert wurde. Das Meßgas, ein Stickstoff-Luftgemisch mit 1% Luft, wurde für die Meßreihen zu Abb. 19 in den Innenraum der Zelle, für die Versuche zu Abb. 20 in den Außenraum eingeleitet. Die Strömungsgeschwindigkeit betrug 30 l/h.

Wieder ist deutlich zu erkennen, daß sich ein wesentlich geringerer Spannungsabfall ergibt, wenn das sauerstoffarme Gas in den Außenraum der Zelle geleitet wird.

In beiden Versuchsreihen wird der Spannungsabfall mit fallendem Sauerstoffpartialdruckunterschied kleiner. Wird das Meßgas nicht gegen Sauerstoff ($p''_{O_2}/p'_{O_2} = 2,1 \cdot 10^{-3}$), sondern gegen ein Stickstoff-Luftgemisch mit 10% Luft ($p''_{O_2}/p'_{O_2} = 10^{-1}$) gemessen, so erniedrigt sich der Spannungsabfall bei 1700°C in Abb. 19 von 50 mV auf 15 mV und in Abb. 20 von 18 mV auf 8 mV.

Bemerkenswert ist, daß selbst bei dem geringen Druckverhältnis von $1 : 10^{-1}$ nicht der theoretische Wert der EMK gemessen wird, wie das in den Abb. 6 und 7 der Fall ist.

In den Versuchsreihen der Abb. 6 und 7 wurde ein Meßgas aus 90% N_2 und 10% O_2 gegen das Bezugsgas reiner Sauerstoff gemessen, während bei den zuletzt durchgeführten Versuchen der Abb. 19 und 20 das Meßgas eine Zusammensetzung von 99,79% N_2 und 0,21% O_2 und das Bezugsgas 97,9% N_2 und 2,1% O_2 hatte.

Das heißt, nicht nur die Druckdifferenz der Gase ist entscheidend, sondern auch der absolute Sauerstoffdruck im sauerstoffarmen Gas. Die durch die Rohrwand diffundierte Menge Sauerstoff ist nach dem Fickschen Gesetz allein von der Druckdifferenz abhängig, die gleiche Menge Sauerstoff wird aber im sauerstoffarmen Gas die Konzentration stärker verändern (Abb. 19 und 20) als in einem sauerstoffreichen Gas (Abb. 6 und 7).

Die Gründe für die Gasdurchlässigkeit wurden nicht eingehender untersucht. Abb. 21 zeigt Aufnahmen von einem durchgeschnittenen Rohr aus stabilisiertem Zirkonoxyd, wie es als Meßzelle benutzt wurde. Auf den Fotografien sind nur geschlossene Poren zu erkennen. Bei stärkerer Vergrößerung ist außerdem die Korngrenzenbildung im Festelektrolyten zu sehen. In den Korngrenzen ist eine Zweitphase unbekannter Zusammensetzung eingelagert. Eine Gasdurchlässigkeit durch Knudsenfluß ist sicher gering. Dafür spricht auch, daß die Gasdurchlässigkeit für Stickstoff wesentlich geringer ist als für Sauerstoff. Eine Korngrenzen- oder Volumendiffusion ist daher wahrscheinlich.

Nach den vorliegenden Untersuchungen empfiehlt sich für die Messungen des Sauerstoffpartialdruckes von Inertgasen mit stabilisiertem Zirkonoxyd als Festelektrolyt und Luft oder Sauerstoff als Bezugsgas ein Temperaturbereich zwischen etwa 800°C und 950°C. Bei tieferen Temperaturen können die Messungen durch Chemisorptionsspannungen und bei höheren Temperaturen durch die Gasdurchlässigkeit des Zirkonoxydes verfälscht werden.

Den Chemisorptionsspannungen kann durch einen sorgfältigen Elektrodenaufbau mit einer großen Platinoberfläche, möglichst dünnen Sinterschichten und gleichen Reaktionsflächen an den Phasengrenzen entgegengewirkt werden.

Der Einfluß der Gasdurchlässigkeit wird verringert, wenn das Meßgas einen möglichst großen Meßraum mit hoher Geschwindigkeit durchströmt, wobei jedoch kein Überdruck auftreten darf. Eine weitere Möglichkeit, den durch die Gasdurchlässigkeit entstehenden Meßfehler zu verringern, besteht darin, die Partialdruckdifferenz zwischen Meßgas und Bezugsgas gering zu halten.

Unter Ausnutzung dieser Maßnahmen können mit stabilisiertem Zirkonoxyd als Festelektrolyt und Luft bzw. Sauerstoff als Bezugsgas Sauerstoffpartialdrucke in Inertgasen bis etwa 10^{-6} atm exakt gemessen werden. Unterhalb dieses Druckes ist eine Übereinstimmung der Meßwerte mit den theoretischen EMK-Werten nicht mehr zu erwarten. Im Gegensatz dazu stehen Angaben des Schrifttums, nach denen mit solchen Zellen noch bis 10^{-22} atm O_2 exakt gemessen werden kann [44] bis [47]. Dies ist auf die Verwendung von H_2/H_2O-Gasgleichgewichten für die Eichung dieser Zellen bei niedrigen Sauerstoffpartialdrucken zurückzuführen. Solche Gasgleichgewichte liefern im Gegensatz zu Inertgas-Sauerstoffgemischen in Ketten gegen Luft oder Sauerstoff als Bezugsgase auch bei sehr geringen Sauerstoffpartialdrucken die theoretischen EMK-Werte, worauf schon früher hingewiesen wurde [25], [26].

4. Zusammenfassung

In der vorliegenden Arbeit wurde mit Zellen aus stabilisiertem Zirkonoxyd als Festelektrolyt der Sauerstoffpartialdruck in Inertgasen unmittelbar gemessen. Hierbei wurde besonders auf die Grenzen der Anwendungsmöglichkeit solcher Zellen eingegangen. Die Einflüsse, die zu Fehlmessungen führen können, wurden eingehend untersucht.

Für die Messung an Gaskonzentrationsketten der Form:

$$\text{PtRh, } O_2 \mid ZrO_2 + CaO \mid p'_{O_2}, \text{ PtRh}$$

wurden einseitig geschlossene Rohre aus stabilisiertem Zirkonoxyd verwendet. Mit diesen Meßzellen wurde die Abhängigkeit der Zellspannung von der Zelltemperatur und dem Sauerstoffpartialdruck des zu messenden Gases (P'_{O_2}) bestimmt. Der Temperaturbereich, in dem die Meßergebnisse mit den theoretisch zu erwartenden Werten übereinstimmen, wird mit fallendem Sauerstoffpartialdruck kleiner. Während er bei $2,1 \cdot 10^{-1}$ atm noch von 650°C bis 1700°C reicht, erstreckt er sich bei $2,1 \cdot 10^{-5}$ nur noch von 800°C bis 1000°C.

Es wurde gezeigt, daß die Abweichungen unterhalb von 800°C durch eine Überlagerung von Chemisorptionsspannungen bedingt werden. Bei hohen Temperaturen werden die Meßwerte durch eine selektive Gasdurchlässigkeit der stabilisierten Zirkonoxydrohre für Sauerstoff verfälscht, wobei sich die obere Temperaturgrenze mit fallendem Sauerstoffpartialdruck zu kleineren Werten hin verschiebt.

Den Chemisorptionsspannungen kann durch einen sorgfältigen Elektrodenaufbau entgegengewirkt werden. Der Einfluß der Gasdurchlässigkeit wird verringert, wenn das Meßgas einen möglichst großen Meßraum durchströmt. Eine weitere Verbesserung ergibt sich, wenn die Partialdruckdifferenz zwischen Meßgas und Bezugsgas vermindert wird.

Unter Ausnutzung dieser Maßnahmen kann mit stabilisiertem Zirkonoxyd als Festelektrolyt und Luft oder Sauerstoff als Bezugspotential der Sauerstoffpartialdruck in Inertgasen bis etwa 10^{-6} atm im Temperaturbereich von 900°C bis 1000°C bestimmt werden.

5. Literaturverzeichnis

[1] Hund, F., Z. f. phys. Chem. 199, 1952, S. 142–151.
[2] Fischer, W. A., und A. Hoffmann, Arch. Eisenhüttenwes. 28, 1957, S. 771–776.
[3] Diezel, A., und H. Tober, Ber. Deutsch. Keram. Ges. 30, 1953, S. 47–61, S. 71–82.
[4] Viechnicki, D., und V. S. Stubican, J. Amer. Ceram. Soc. 48, 1965, S. 292–297.
[5] Oels, W. D., Dr.-Ing., Diss., TH Aachen, 1967.
[6] Hund, F., Z. Elektrochem. angew. phys. Chem. 55, 1951, S. 363–366.
[7] Trombe, F., und Foëx, M., C. R. hebd. Scances Acad. Sci. 233, 1951, S. 254.
[8] Möbius, H. H., Z. f. Chem. 4, 1964, S. 81–94.
[9] Weber, B. C., Aerospace Research Laboratories, 1964, Nr. 64-205.
[10] Fischer, W. A., und A. Hoffmann, Z. phys. Chem., N. F. 35, 1962, S. 95–108.
[11] Kingery, W. D., J. Pappis, M. E. Doty und D. C. Hill, J. Amer. Ceram. Soc. 42, 1959, S. 393–398.

[12] KIUKKOLA, K., und C. WAGNER, J. electrochem. Soc. 104, 1957, S. 379–387.
[13] FISCHER, W. A., und W. ACKERMANN, Arch. Eisenhüttenwes. 36, 1965, S. 643–648.
[14] STEELE, B. C. H., und C. B. ALCOCK, Trans. AIME 233, 1965, S. 1359–1367.
[15] PATTERSON, J. W., E. C. BOGREN und R. A. RAPP, J. electrochem. Soc. 114, 1967, S. 752–758.
[16] SCHMALZRIED, H., Z. f. Elektrochem. 66, 1962, S. 572–576.
[17] WAGNER, C., Z. phys. Chem., Abt. B, 21, 1933, S. 25–47.
[18] HABER, F., und A. MOSER, Z. Elektrochem. 11, 1905, S. 593–609.
[19] HABER, F., und F. FLEISCHMANN, Z. f. anorg. Chem. 51/52, 1906, S. 245–288.
[20] HABER, F., und G. W. A. FOSTER, Z. f. anorg. Chem. 51/52, 1906, S. 289–314.
[21] BAUR, E., A. PETERSEN und G. FÜLLEMANN, Z. Elektrochem. 22, 1916, S. 409–414.
[22] BAUR, E., und H. PREIS, Z. Elektrochem. 43, 1937, S. 727–732.
[23] WEISSBART, J., und R. RUKA, in: »Fuel Cells« volume 2 (Ed. G. J. Young), Chapman and Hall, London 1963, S. 37–49.
[24] PETERS, H., und H. H. MÖBIUS, Z. f. phys. Chem. Leipzig 209, 1958, S. 299–309.
[25] FISCHER, W. A., und D. JANKE, Arch. Eisenhüttenwes. 39, 1968, S. 89–99.
[26] FISCHER, W. A., und M. HAUSSMANN, Forschungsber. des Landes Nordrh.-Westf., 1967, Nr. 1804.
[27] BAKER, R., und J. M. WEST, J. Iron Steel Inst. 204, 1966, S. 212–216.
[28] FISCHER, W. A., und D. JANKE, Arch. Eisenhüttenwes., demnächst.
[29] PLUSCHKELL, W., und H. J. ENGELL, Ber. Deutsch. Keram. Ges. 45, 1968, S. 388–394.
[30] ULLMANN, H., D. NAUMANN und W. BURK, Z. f. phys. Chem. Leipzig 237, 1968, S. 337–346.
[31] ULLMANN, H., Z. f. phys. Chem. Leipzig 237, 1968, S. 71–80.
[32] PAL'QUEV, S. F., und A. D. NEUIMIN, Trans. Inst. Electrochem. 1, 1961, S. 90–96.
[33] DESPORTES, CH., P. DONNEAUD und G. ROBERT, Bull. Soc. Chim. 9, 1964, S. 2221–2225.
[34] WEISSBART, J., und R. RUKA, Rev. Scient. Instr. 32, 1961, S. 593/595.
[35] ENGELL, H.-J., Z. f. Elektrochem. 66, 1962, S. 617–627.
[36] HAUFFE, K., Anorg. u. allg. Chem. in Einzeldarstellung. Bd. II, Springer-Verlag, 1966.
[37] MADELUNG, O., Handbuch d. Physik, Bd. 20, 1957, S. 1–243, bes. 176–205.
[38] ZEHNER, C., Proc. Roy. Soc. London, Ser. A 145, 1934, S. 523.
[39] HAYES, D., D. W. BUDWORTH und J. P. ROBERTS, Trans. Brit. ceram. Soc. 60, 1961, S. 494–504.
[40] HAYES, D., D. W. BUDWORTH und J. P. ROBERTS, Trans. Brit. ceram. Soc. 62, 1963, S. 507–525.
[41] BUDWORTH, D. W., Trans. Brit. ceram. Soc. 62, 1963, S. 975–987.
[42] OISHI, Y., und W. D. KINGERY, J. chem. Phys. 33, 1960, S. 480–486.
[43] STEINMETZ, E., Arch. f. Eisenhüttenwes. 36, 1965, S. 151–153.
[44] LITTLEWOOD, R., Steel Times 189, 1964, S. 423–425.
[45] BATES, R. E., und R. LITTLEWOOD, Acta Imeko 1964, S. 33–41.
[46] MITCHELL, A., Nature 201, 1964, S. 390/391.
[47] GATELIER, C., und M. OLETTE, Communication au Collegue ENSEE-IRSID, Grenoble, Mai 1967.
[48] PEATTIE, G., Proceedings of the JEEE 1963, S. 795–806.

Anhang

Tab. 1 Ergebnisse der Versuche zur Ermittlung der Gasdurchlässigkeit der stabilisierten Zirkonoxydrohre

1. Kette: PtRh, O_2 | ZrO_2 + CaO | Luft, PtRh

Richtung und Art der Diffusion	ΔE [mV] bei 1300°C nach			1500°C nach			1700°C nach		
	15 sec	30 sec	60 sec	15 sec	30 sec	60 sec	15 sec	30 sec	60 sec
O_2 diffundiert in den Innenraum	1	1,5	2	5	8	12	17,5	23,5	31
O_2 diffundiert in den Außenraum	0	0	1	0	0	0,5	0,25	0,5	1
N_2 diffundiert in den Innenraum	0	0	0,5	0	0,5	1,5	0	1,5	6
N_2 diffundiert in den Außenraum	0	0	0	0	0	1	0	0	1

2. Kette: PtRh, Luft | ZrO_2 + CaO | 99% Ar, 1% Luft, PtRh

Richtung und Art der Diffusion	ΔE [mV] bei 1300°C nach			1500°C nach			1700°C nach		
	15 sec	30 sec	60 sec	15 sec	30 sec	60 sec	15 sec	30 sec	60 sec
O_2 diffundiert in den Innenraum	16,5	23,5	33	32	45	64	49	77	102
O_2 diffundiert in den Außenraum	4	–	–	16,5	–	–	30	–	–
N_2, Ar diffundiert in den Innenraum	1,5	2	3	6,5	10,5	16	27	45	73
N_2, Ar diffundiert in den Außenraum	0	0	0	0	0	1	2	2,5	4

Abbildungen

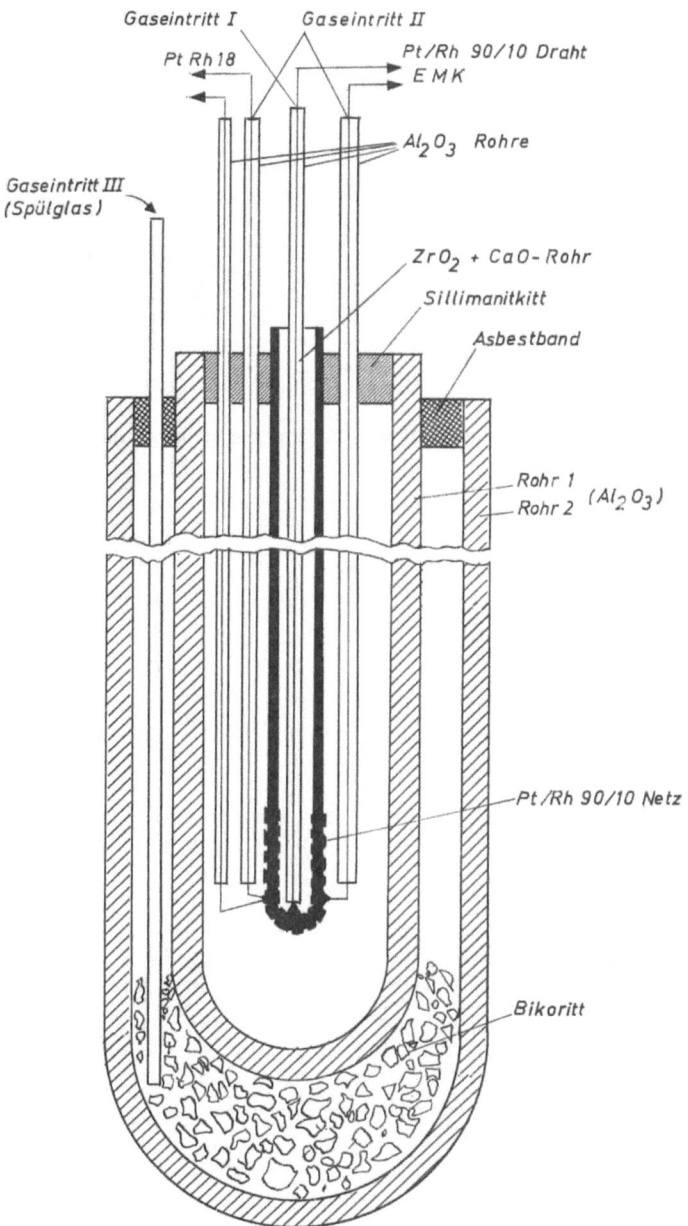

Abb. 1 Aufbau der Meßzelle für Gasketten

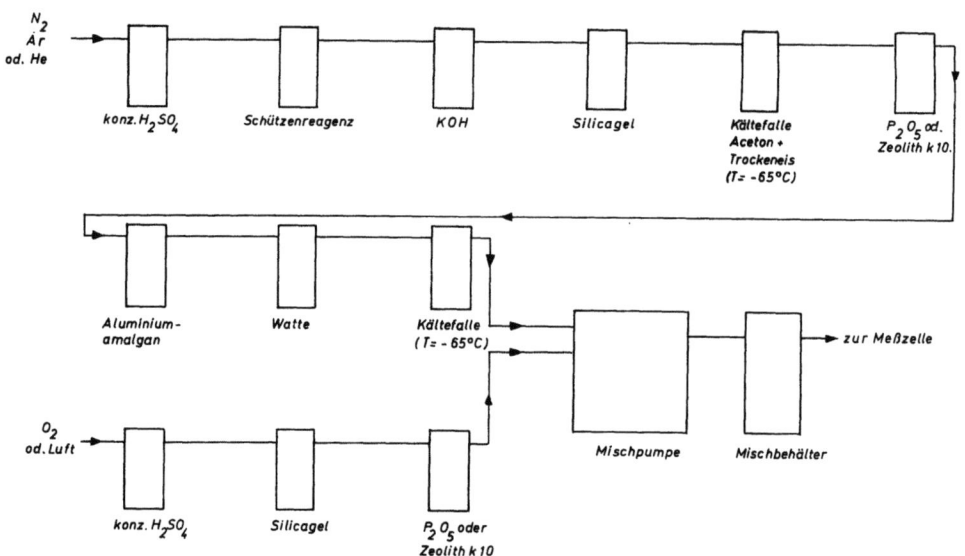

Abb. 2 Schematischer Aufbau der Einrichtung zur Herstellung der Inertgas-Sauerstoff-Gemische

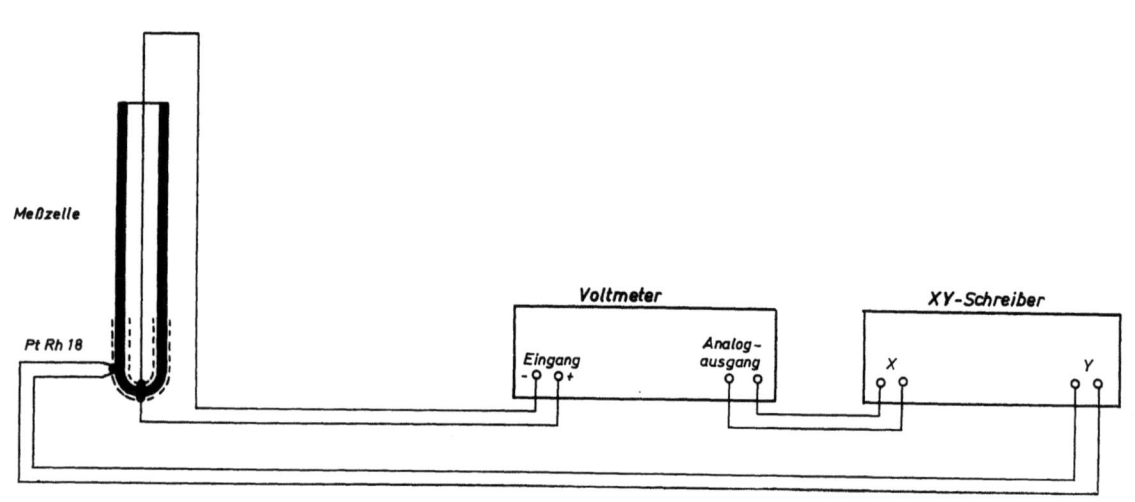

Abb. 3 Schaltschema der Meßgeräte

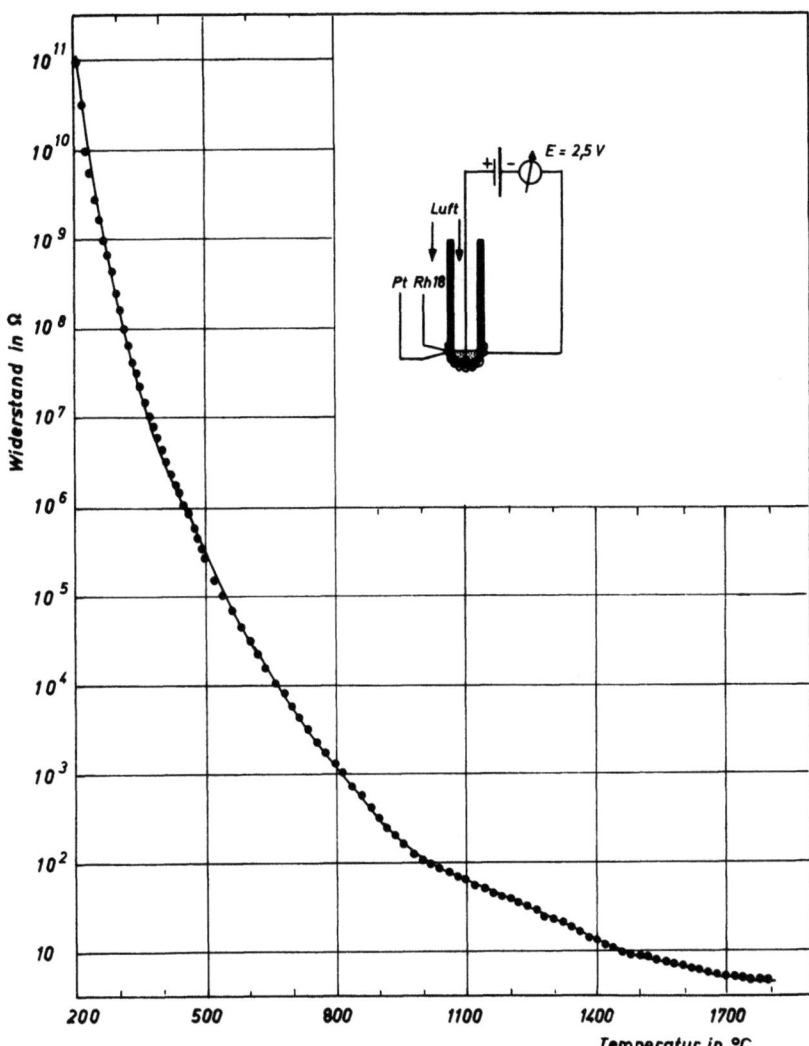

Abb. 4 Die Abhängigkeit des Widerstandes einer Meßzelle von der Temperatur
Kette: PtRh, Luft | ZrO₂ + CaO | Luft, PtRh

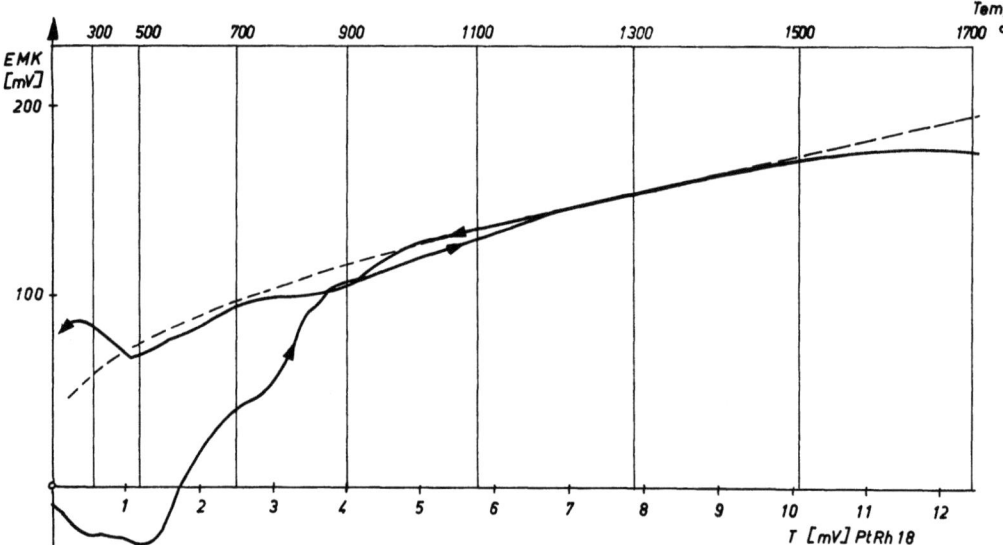

Abb. 5 Orginalschrieb des XY-Schreibers zur Messung des Sauerstoffpartialdruckes in Inertgasen

Kette: PtRh, O_2 | ZrO_2 + CaO | Luft, PtRh
   (außen)   (innen)
——— gemessen
– – – errechnet

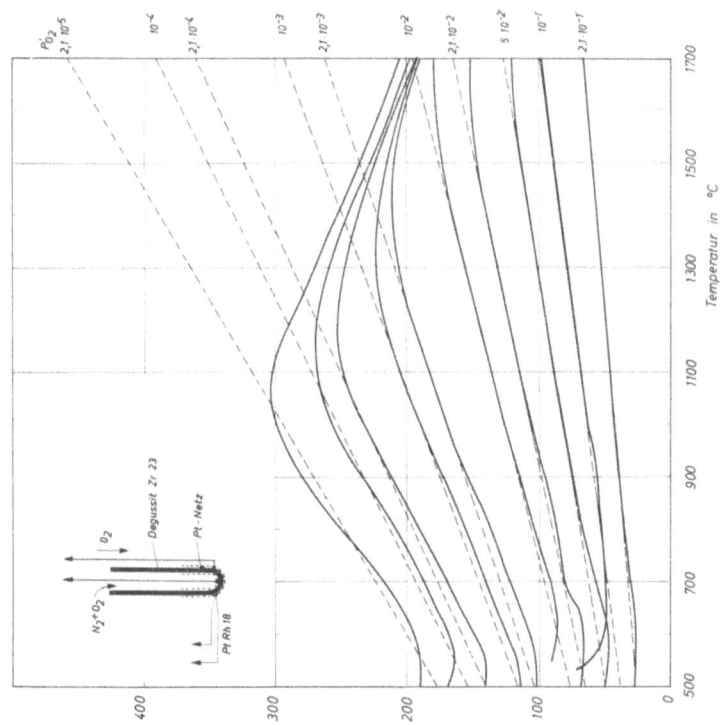

Abb. 7 EMK einer Gaskonzentrationskette
Pt, $O_2 | ZrO_2 + CaO | p'_{O_2}$, Pt
in Abhängigkeit von der Temperatur

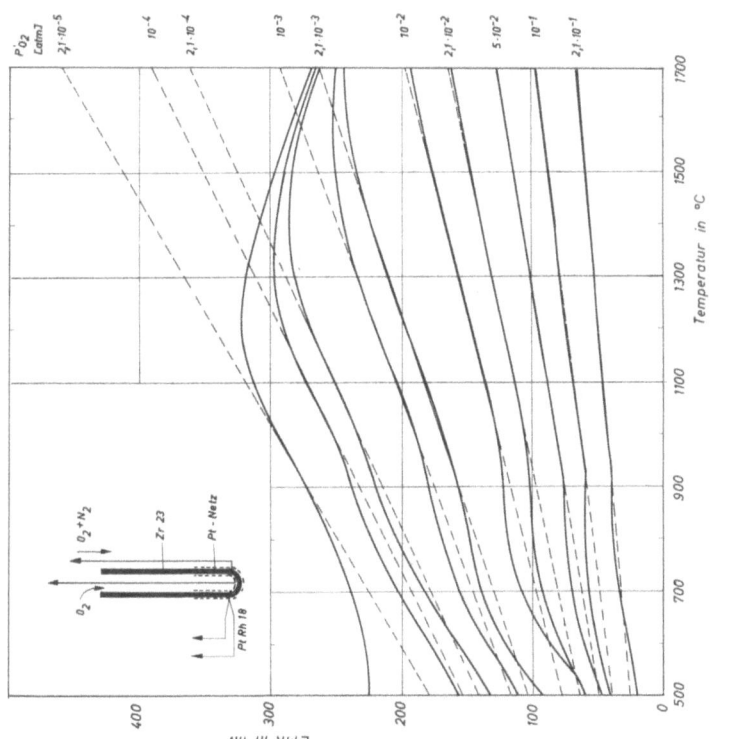

Abb. 6 EMK einer Gaskonzentrationskette
Pt, $O_2 | ZrO_2 + CaO | p'_{O_2}$, Pt
in Abhängigkeit von der Temperatur

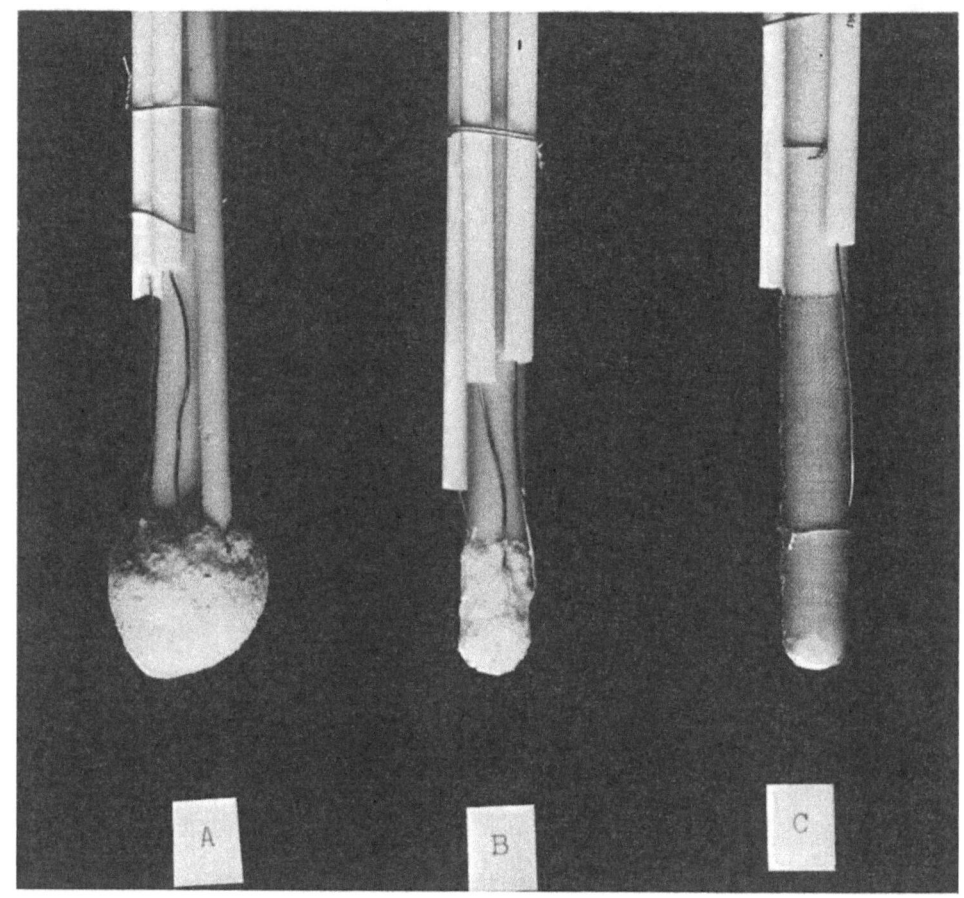

Abb. 8 Photographie der drei Typen von Meßrohren (1 : 1)

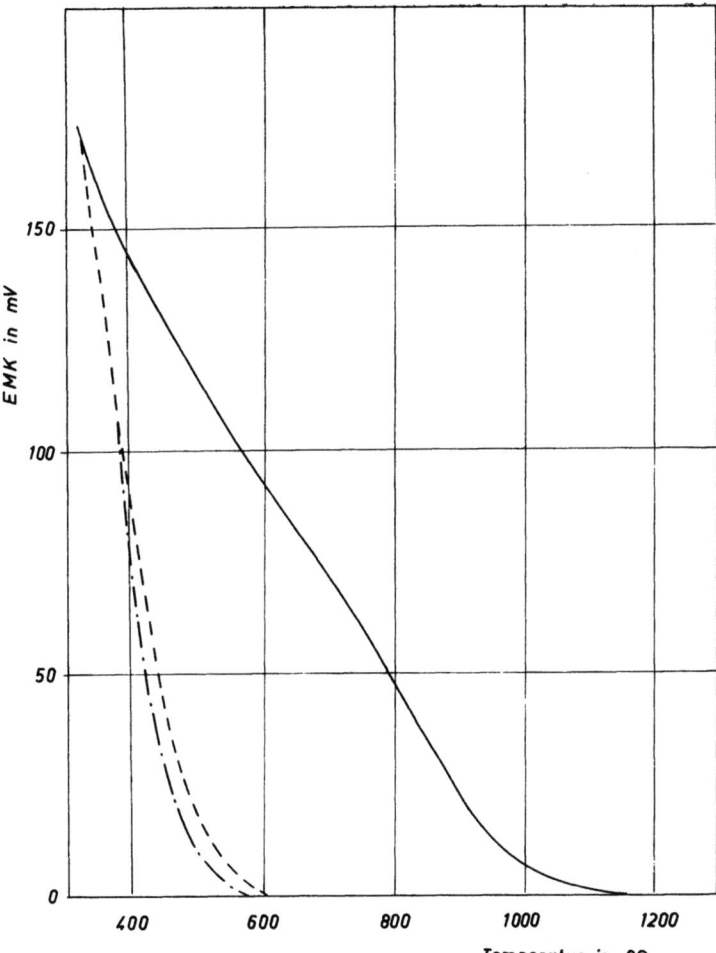

Abb. 9 Die Abhängigkeit des Chemisorptionspotentials vom Aufbau der Elektrode
Kette: PtRh, O_2 | ZrO_2 + CaO | O_2, PtRh
——— Platindraht, dick umsintert, A
– – – – Platindraht, dünn umsintert, B
— · — Platinnetz, dünn umsintert, C

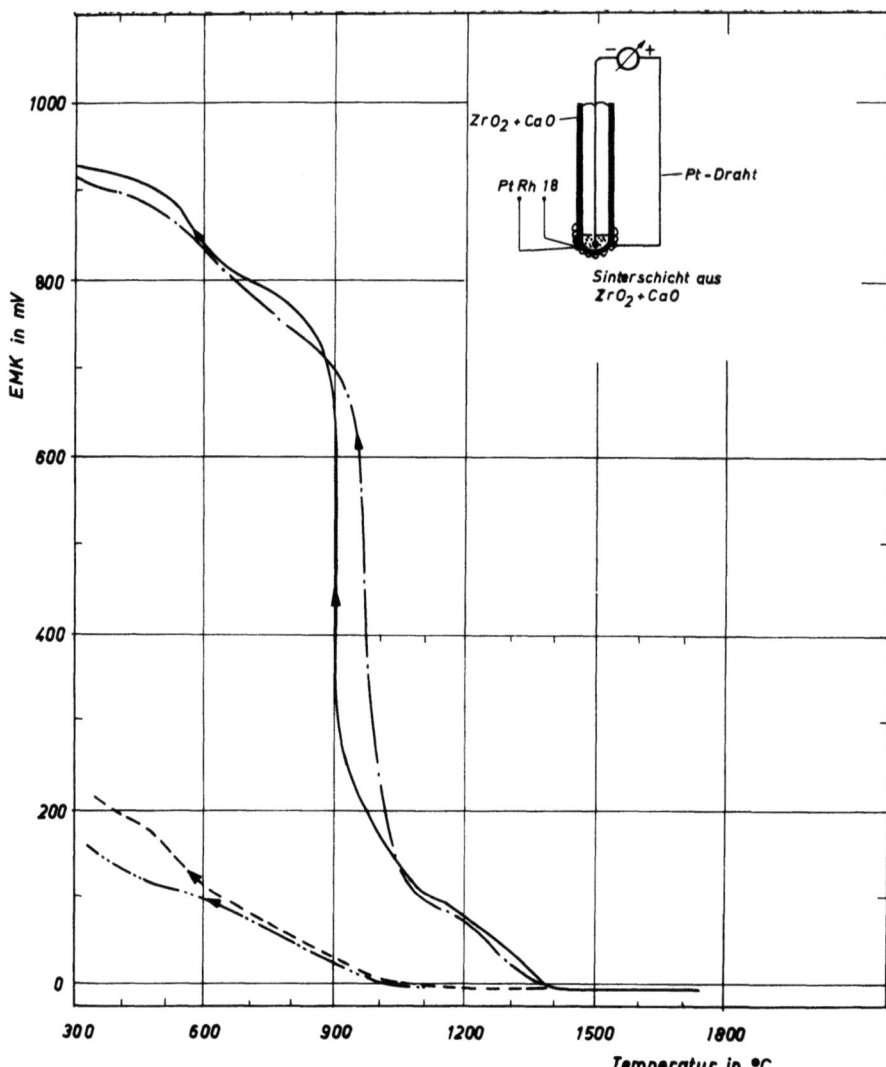

Abb. 10 Die Abhängigkeit des Chemisorptionspotentials vom Sauerstoffpartialdruck der Gase

——— PtRh, Ar | ZrO_2 + CaO | Ar, PtRh (Ar mit $\sim 10^{-3}\%$ O_2)
— · — PtRh, He | ZrO_2 + CaO | He, PtRh (He mit $\sim 10^{-2}\%$ O_2)
— — — PtRh, Luft | ZrO_2 + CaO | Luft, PtRh
— · · — PtRh, O_2 | ZrO_2 + CaO | O_2, PtRh

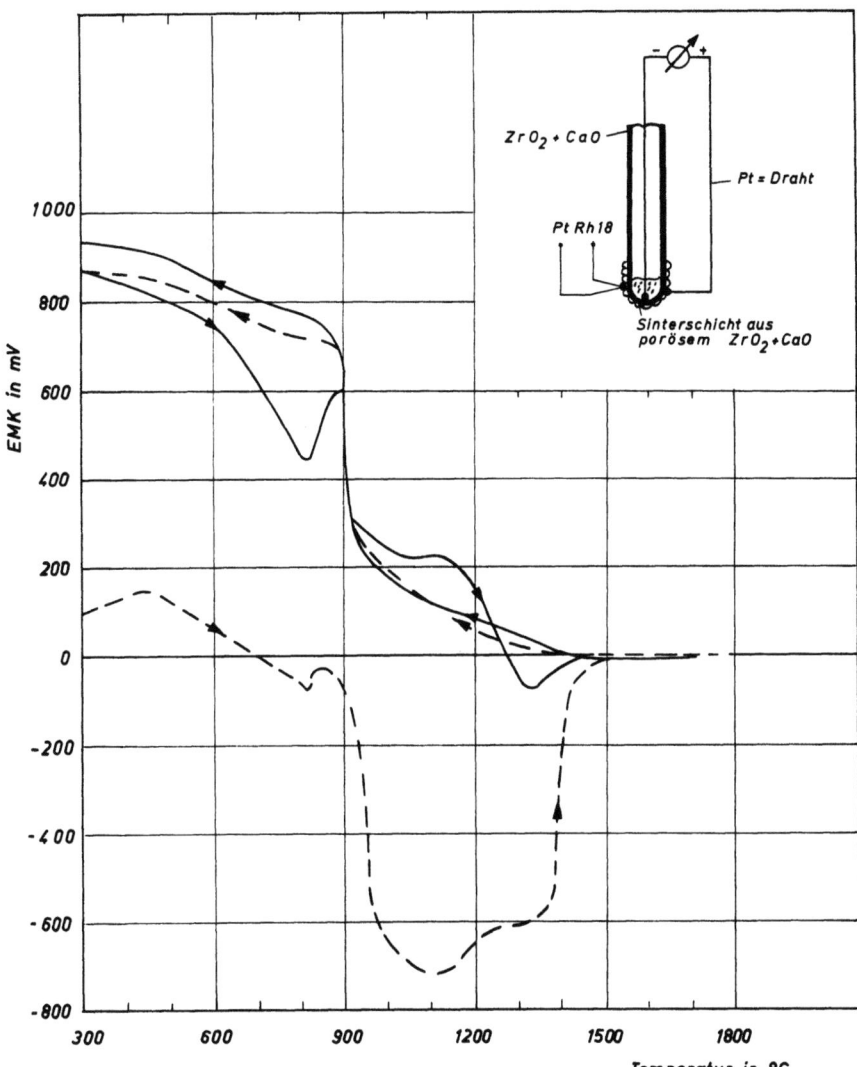

Abb. 11 Die Abhängigkeit des Chemisorptionspotentials
von der Temperatur bei mehrmaligem Auf- und Abheizen
Kette: PtRh, He | ZrO_2 + CaO | Ar, PtRh
– – 1. Aufheizen und Abkühlen
—— 2. Aufheizen und Abkühlen

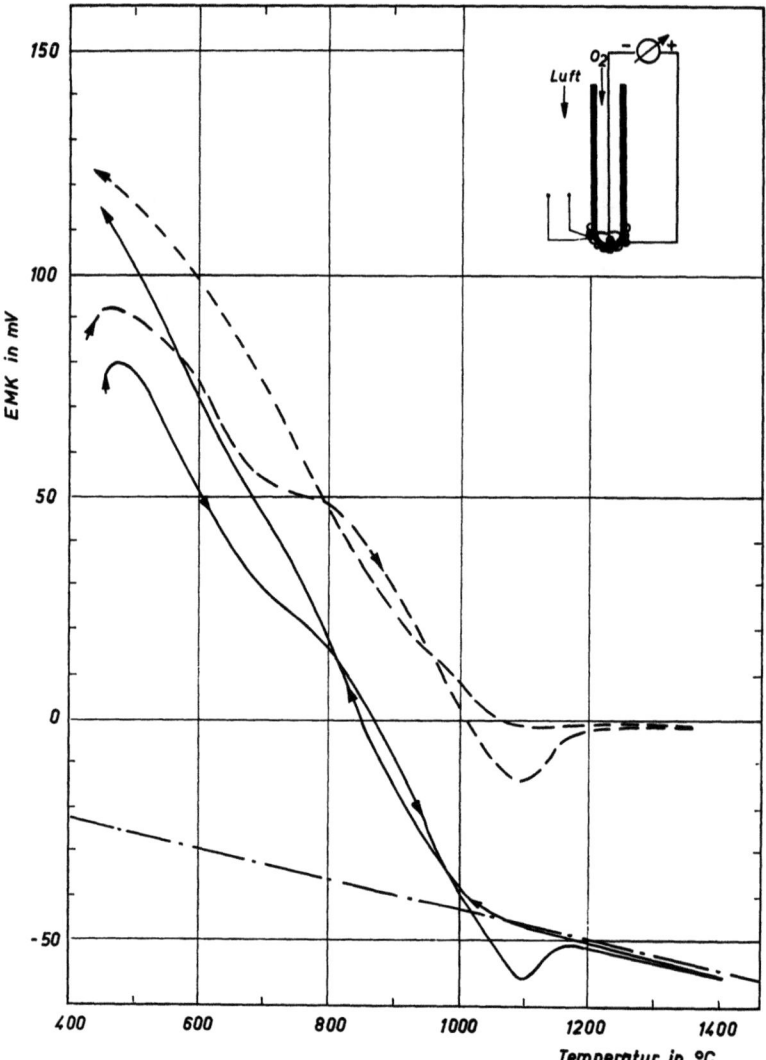

Abb. 12 Überlagerung der Chemisorptionsspannung der Kette $O_2 \mid ZrO_2 + CaO \mid O_2$ auf die EMK der Kette $O_2 \mid ZrO_2 + CaO \mid$ Luft

— — $O_2 \mid ZrO_2 + CaO \mid O_2$
——— $O_2 \mid ZrO_2 + CaO \mid$ Luft
— · — theor. Kurve der Kette
$O_2 \mid ZrO_2 + CaO \mid$ Luft

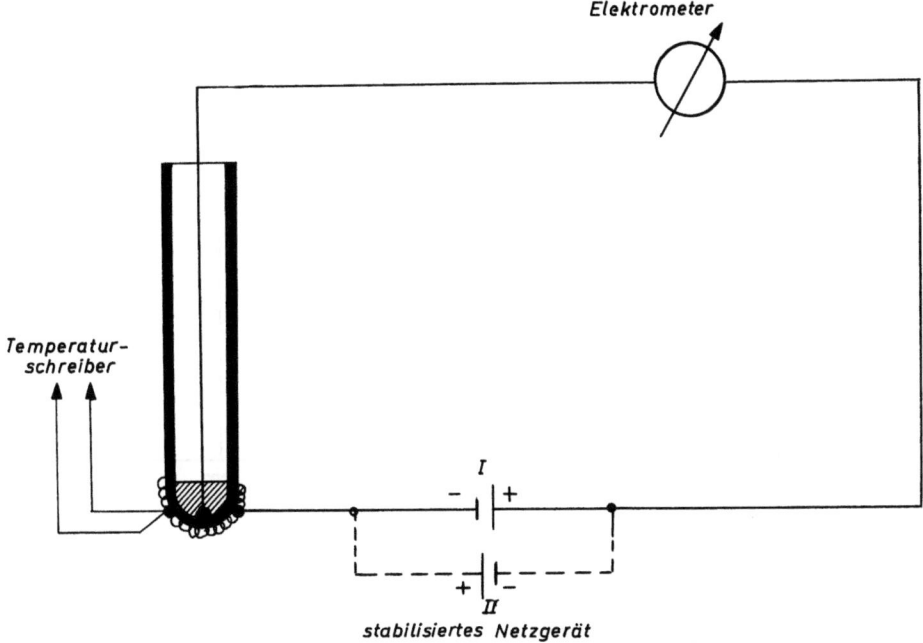

Abb. 13 Schaltschema zur Messung der Stromspannungskurven an einer Zelle
II: Minuspol der Spannungsquelle an der Außenelektrode
II: Pluspol der Spannungsquelle an der Außenelektrode

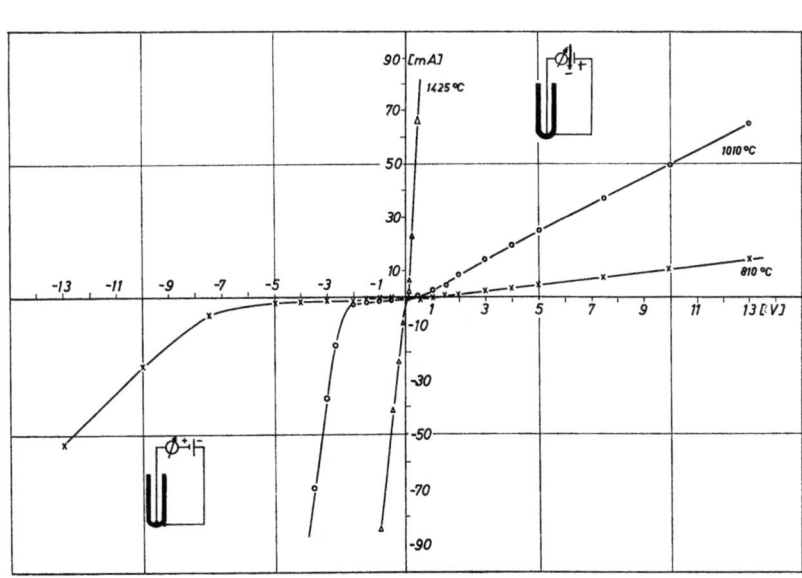

Abb. 14 Strom-Spannungskurven bei verschiedenen Temperaturen
Kette: PtRh, Luft | ZrO_2 + CaO | Luft, PtRh

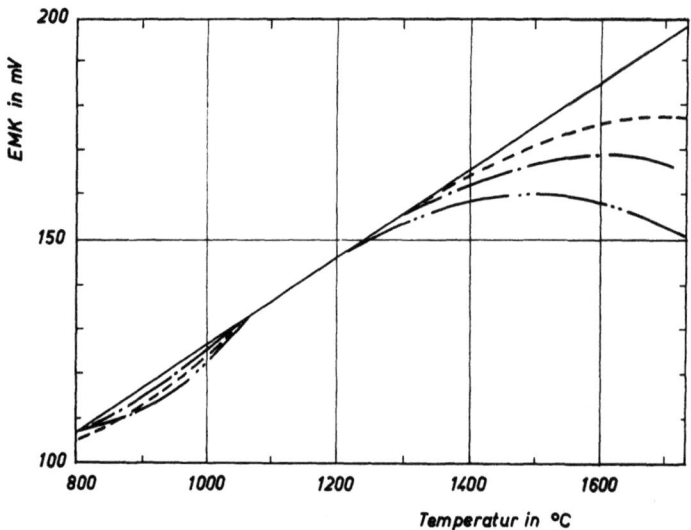

Abb. 15 Die Abhängigkeit der EMK von der Strömungsgeschwindigkeit des sauerstoffarmen Gases (Meßzelle 4×6 mm ⌀)

Kette: PtRh, $\dfrac{99{,}79\% \ N_2}{0{,}21\% \ O_2}$ | ZrO_2 + CaO | Luft, PtRh
(außen) (innen)

——— theor. Kurve
– – – 32 und 37 l/h
—·— 25 l/h
—··— 11,5 l/h

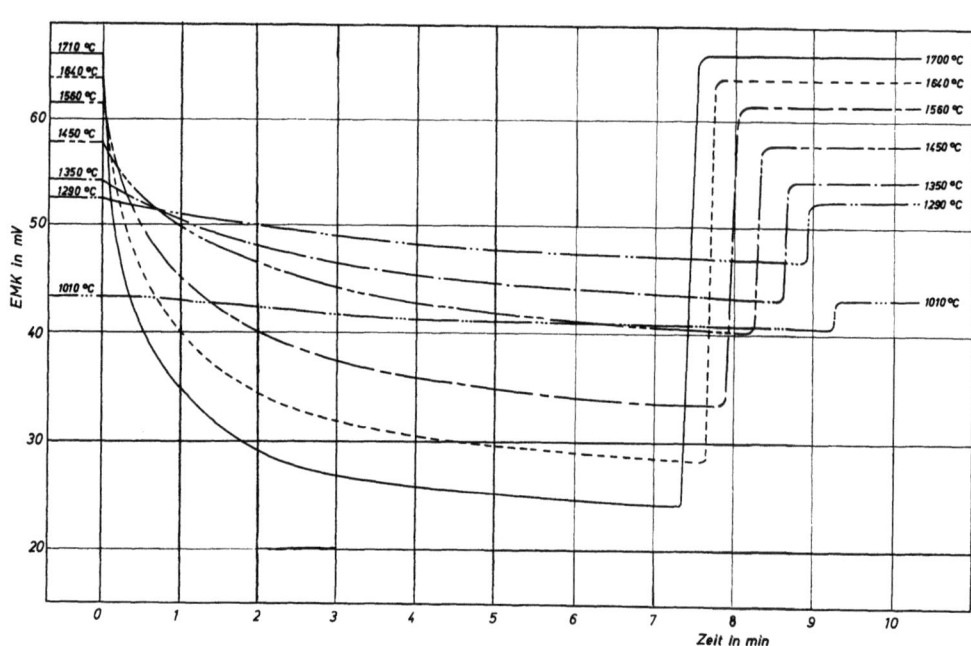

Abb. 16 Der Abfall der EMK einer Gaskonzentrationskette nach dem Abstellen des Luftstromes in Abhängigkeit von der Zeit

Kette: PtRh, Luft | ZrO_2 + CaO | O_2, PtRh
(innen) (außen)

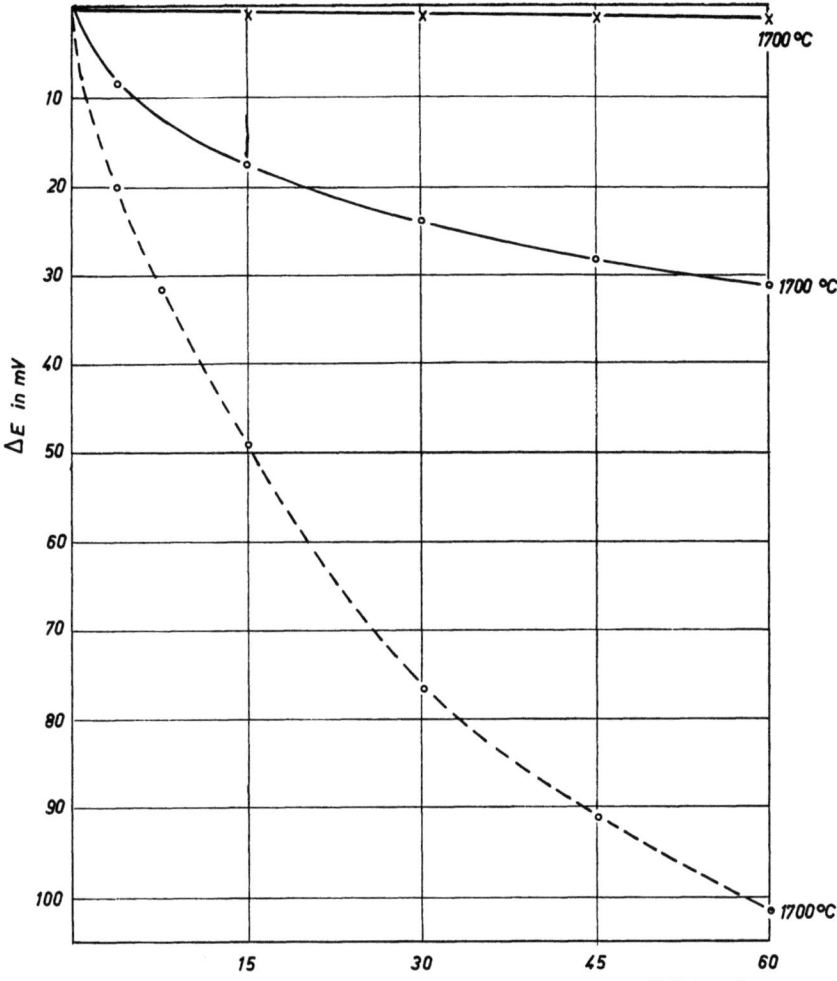

Abb. 17 Die Abhängigkeit des EMK-Abfalls von dem Partialdruckunterschied des Sauerstoffes und von der Richtung der Sauerstoffdiffusion bei 1700°C

× — ×   Rh, O$_2$ | ZrO$_2$ + CaO | Luft, PtRh
          (innen)   (außen)
Abstellen des Luftstromes
O$_2$ diffundiert in den Außenraum der Zelle
$p'_{O_2} | p''_{O_2} = 0{,}21$

○ — ○   PtRh, Luft | ZrO$_2$ + CaO | O$_2$, PtRh
          (innen)   (außen)
Abstellen des Luftstromes
O$_2$ diffundiert in den Innenraum der Zelle
$p'_{O_2} | p''_{O_2} = 0{,}21$

○ - - ○   PtRh, 99% Ar | ZrO$_2$ + CaO | Luft, PtRh
          1% Luft
          (innen)   (außen)
Abstellen des Ar-Luftgemisches
O$_2$ diffundiert in den Innenraum der Zelle
$p'_{O_2} | p''_{O_2} = 0{,}01$

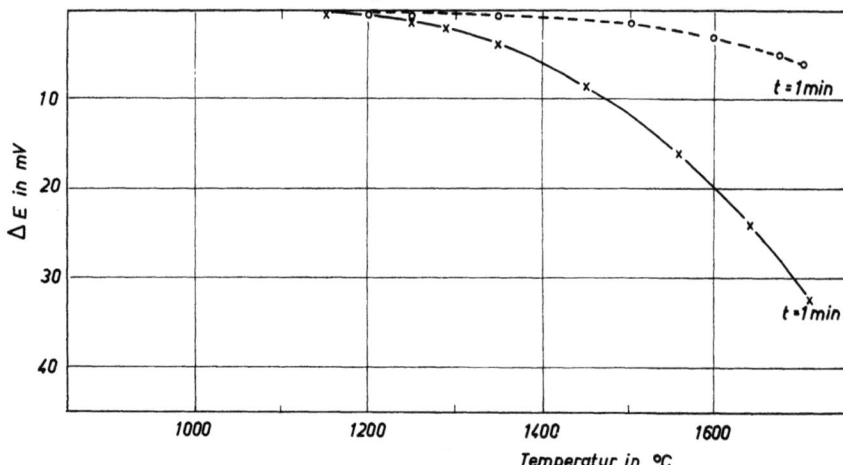

Abb. 18 Die unterschiedliche Gasdurchlässigkeit der Meßzelle für Sauerstoff und Stickstoff nach 1 min in Abhängigkeit von der Temperatur

○ --- ○   PtRh, Luft | ZrO_2 + CaO | O_2, PtRh
(außen)   (innen)
Abstellen des Sauerstoffstromes
N_2 diffundiert in den Innenraum der Zelle

× —— ×   PtRh, O_2 | ZrO_2 + CaO | Luft, PtRh
(außen)   (innen)
Abstellen des Luftstromes
O_2 diffundiert in den Innenraum der Zelle

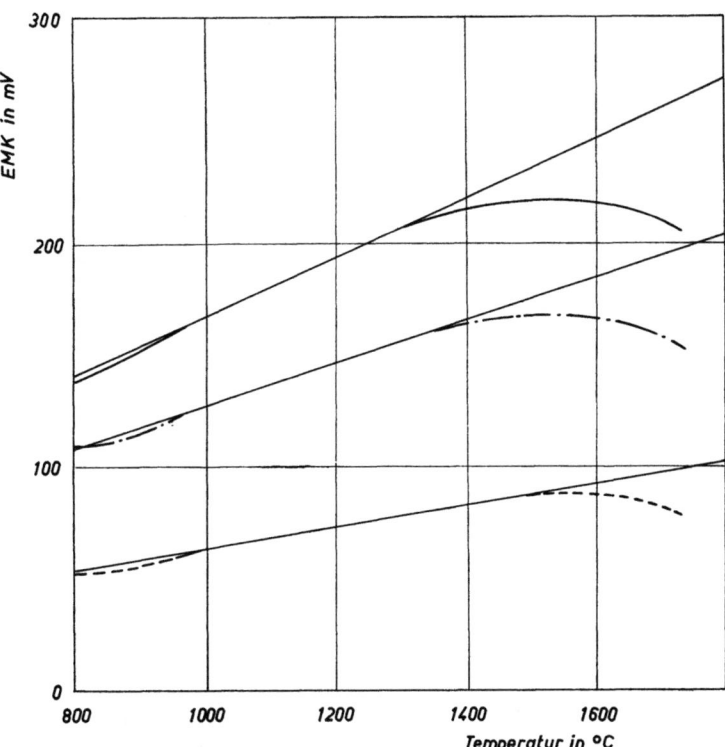

Abb. 19 Die Abhängigkeit der EMK von der Partialdruckdifferenz der Gase (sauerstoffarmes Gas innen)

—— $\begin{array}{l}99{,}79\%\ N_2\\0{,}21\%\ O_2\end{array}$ | $ZrO_2 + CaO$ | $100\%\ O_2\ \dfrac{p'_{O_2}}{p''_{O_2}} = 2{,}1 \cdot 10^{-3}$

— · — $\begin{array}{l}99{,}79\%\ N_2\\0{,}21\%\ O_2\end{array}$ | $ZrO_2 + CaO$ | $\begin{array}{l}79\%\ N_2\\21\%\ O_2\end{array}\ \dfrac{p'_{O_2}}{p''_{O_2}} = 10^{-2}$

- - - - $\begin{array}{l}99{,}79\%\ N_2\\0{,}21\%\ O_2\end{array}$ | $ZrO_2 + CaO$ | $\begin{array}{l}97{,}9\%\ N_2\\2{,}1\%\ O_2\end{array}\ \dfrac{p'_{O_2}}{p''_{O_2}} = 10^{-1}$

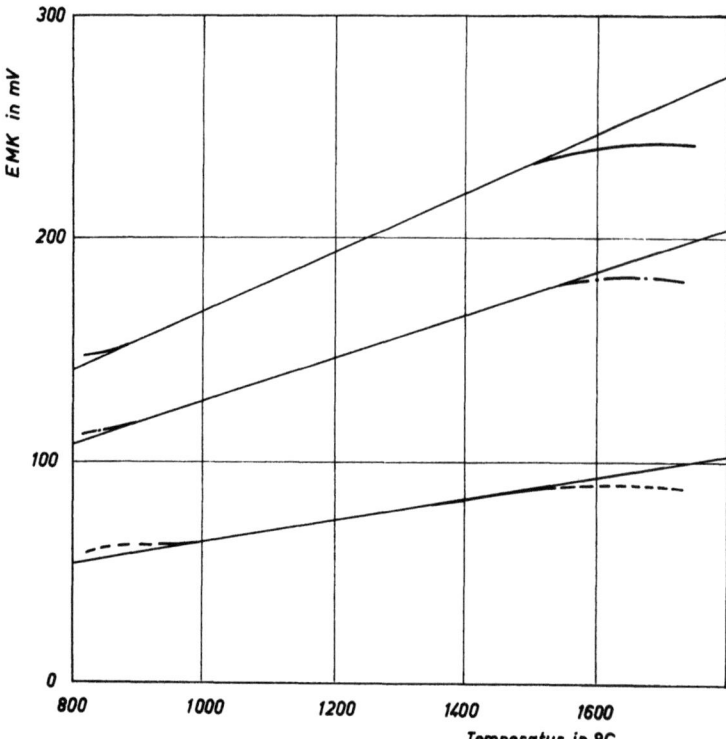

Abb. 20 Die Abhängigkeit der EMK von der Partialdruckdifferenz der Gase (sauerstoffarmes Gas außen)

——— $\begin{array}{l} 99{,}79\%\ N_2 \\ 0{,}21\%\ O_2 \end{array}$ | $ZrO_2 + CaO$ | $100\%\ O_2$ $\dfrac{p'_{O_2}}{p''_{O_2}} = 2{,}1 \cdot 10^{-3}$

—·— $\begin{array}{l} 99{,}79\%\ N_2 \\ 0{,}21\%\ O_2 \end{array}$ | $ZrO_2 + CaO$ | $\begin{array}{l} 79\%\ N_2 \\ 21\%\ O_2 \end{array}$ $\dfrac{p'_{O_2}}{p''_{O_2}} = 10^{-2}$

---- $\begin{array}{l} 99{,}79\%\ N_2 \\ 0{,}21\%\ Or \end{array}$ | $ZrO_2 + CaO$ | $\begin{array}{l} 97{,}9\%\ N_2 \\ 2{,}1\%\ O_2 \end{array}$ $\dfrac{p'_{O_2}}{p''_{O_2}} = 10^{-1}$

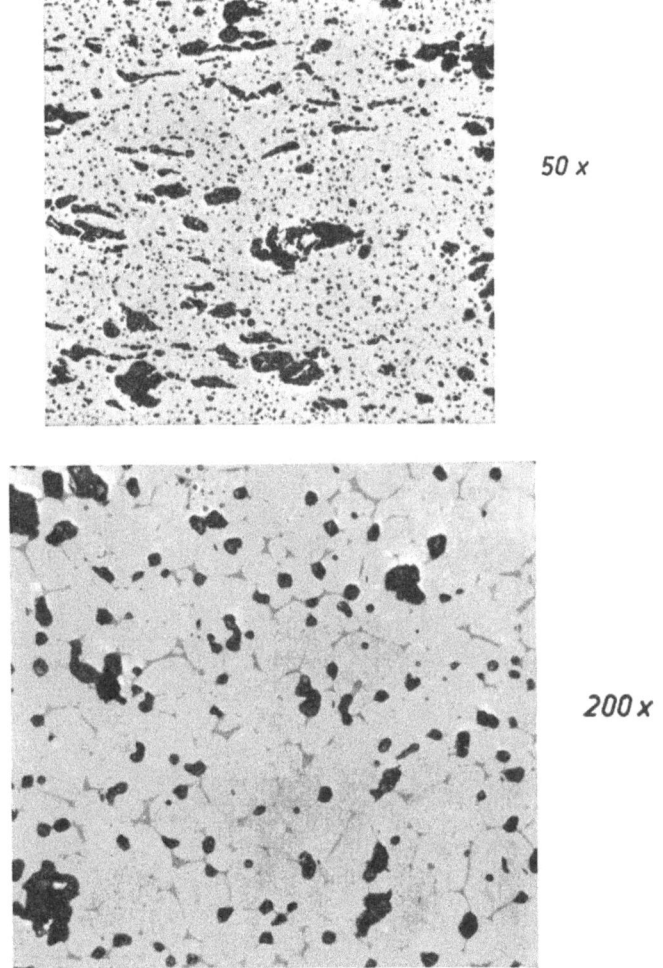

Abb. 21 Schnitt durch die Wand eines stabilisierten Zirkonoxydrohres

Forschungsberichte des Landes Nordrhein-Westfalen

Herausgegeben im Auftrage des Ministerpräsidenten Heinz Kühn
von Staatssekretär Professor Dr. h. c. Dr. E. h. Leo Brandt

Sachgruppenverzeichnis

Acetylen · Schweißtechnik
Acetylene · Welding gracitice
Acétylène · Technique du soudage
Acetileno · Técnica de la soldadura
Ацетилен и техника сварки

Arbeitswissenschaft
Labor science
Science du travail
Trabajo científico
Вопросы трудового процесса

Bau · Steine · Erden
Constructure · Construction material ·
Soilresearch
Construction · Matériaux de construction ·
Recherche souterraine
La construcción · Materiales de construcción ·
Reconocimiento del suelo
Строительство и строительные материалы

Bergbau
Mining
Exploitation des mines
Minería
Горное дело

Biologie
Biology
Biologie
Biologia
Биология

Chemie
Chemistry
Chimie
Quimica
Химия

Druck · Farbe · Papier · Photographie
Printing · Color · Paper · Photography
Imprimerie · Couleur · Papier · Photographie
Artes gráficas · Color · Papel · Fotografía
Типография · Краски · Бумага · Фотография

Eisenverarbeitende Industrie
Metal working industry
Industrie du fer
Industria del hierro
Металлообрабатывающая промышленность

Elektrotechnik · Optik
Electrotechnology · Optics
Electrotechnique · Optique
Electrotécnica · Optica
Электротехника и оптика

Energiewirtschaft
Power economy
Energie
Energía
Энергетическое хозяйство

Fahrzeugbau · Gasmotoren
Vehicle construction · Engines
Construction de véhicules · Moteurs
Construcción de vehículos · Motores
Производство транспортных средств

Fertigung
Fabrication
Fabrication
Fabricación
Производство

Funktechnik · Astronomie
Radio engineering · Astronomy
Radiotechnique · Astronomie
Radiotécnica · Astronomía
Радиотехника и астрономия

Gaswirtschaft
Gas economy
Gaz
Gas
Газовое хозяйство

Holzbearbeitung
Wood working
Travail du bois
Trabajo de la madera
Деревообработка

Hüttenwesen · Werkstoffkunde
Metallurgy · Materials research
Métallurgie · Matériaux
Metalurgia · Materiales
Металлургия и материаловедение

Kunststoffe
Plastics
Plastiques
Plásticos
Пластмассы

Luftfahrt · Flugwissenschaft
Aeronautics · Aviation
Aéronautique · Aviation
Aeronáutica · Aviación
Авиация

Luftreinhaltung
Air-cleaning
Purification de l'air
Purificación del aire
Очищение воздуха

Maschinenbau
Machinery
Construction mécanique
Construcción de máquinas
Машиностроительство

Mathematik
Mathematics
Mathématiques
Matemáticas
Математика

Medizin · Pharmakologie
Medicine · Pharmacology
Médecine · Pharmacologie
Medicina · Farmacología
Медицина и фармакология

NE-Metalle
Non-ferrous metal
Metal non ferreux
Metal no ferroso
Цветные металлы

Physik
Physics
Physique
Física
Физика

Rationalisierung
Rationalizing
Rationalisation
Racionalización
Рационализация

Schall · Ultraschall
Sound · Ultrasonics
Son · Ultra-son
Sonido · Ultrasónico
Звук и ультразвук

Schiffahrt
Navigation
Navigation
Navegación
Судоходство

Textilforschung
Textile research
Textiles
Textil
Вопросы текстильной промышленности

Turbinen
Turbines
Turbines
Turbinas
Турбины

Verkehr
Traffic
Trafic
Tráfico
Транспорт

Wirtschaftswissenschaften
Political economy
Economie politique
Ciencias económicas
Экономические науки

Einzelverzeichnis der Sachgruppen bitte anfordern

Westdeutscher Verlag · Köln und Opladen

567 Opladen/Rhld., Ophovener Straße 1–3, Postfach 1620

MIX
Papier aus verantwortungsvollen Quellen
Paper from responsible sources
FSC® C105338

If you have any concerns about our products,
you can contact us on
ProductSafety@springernature.com

In case Publisher is established outside the EU,
the EU authorized representative is:
**Springer Nature Customer Service Center GmbH
Europaplatz 3, 69115 Heidelberg, Germany**

Printed by Libri Plureos GmbH
in Hamburg, Germany